新视域

中西服装艺术史

刘 瑜 | 著

上海人民美術出版社

CONTENTS

第一部分
西方服装艺术史

目录

第二部分
中国服装艺术史

第一部分

西方服装艺术史

第一章

CHAPTER 1 古代服饰

本章主要内容：人类着装的行为已经有数千年的历史，在服装史上，公元前3000年至400年前后古代埃及、古代西亚、古代希腊、古代罗马等不同地域、不同民族及不同人种创造的服装通常被划分为古代部分，这部分服装成为此后欧洲服装文化的基础。

古代服饰受自然环境影响很大，其造型、材料、审美都明显表现出这一特征。古代埃及、古代希腊、古代罗马人在当地气候条件下的宽松、垂挂、多裸露的卷衣，美索不达米亚地区服装上的穗饰，古代波斯帝国的裤子以及古埃及的亚麻织物都表现出强烈的民族风格和地方特色。

建议学时数：3

第一节　古代埃及服饰（公元前3000年至公元前332年）

一　时代背景

埃及人最早出现在现埃塞俄比亚地区，他们把尼罗河河谷的肥沃土地叫作“Kemer”（意为“黑土”），并称自己为“黑土上的人们”。水源充足的尼罗河孕育了埃及的远古文明。公元前3000年左右，埃及的第一位国王美尼斯建立了统一的埃及王朝，埃及逐渐形成奴隶制国家。

宗教统治着埃及人，他们的信仰以死后永生的观念为基础，并有着与从生到死的每一个过程相对应的礼节和仪式。他们相信死后永生，家被当成临时住所，任何有条件的人都为自己建了一座坟墓，其中最宏伟的当然是法老的陵墓——金字塔。金字塔除了有着宏伟的象征意义，其内部结构、内墙绘画同样富含深意。

埃及所奉行的政体是由“法老”控制政府。法老不仅被当成国王，还被当作神，具有绝对的权力，控制着社会的每个领域，包括艺术与服饰。埃及服装艺术的发展与兴起，与埃及人的宗教信仰、王权、社会风俗等文化观念有着密不可分的联系。因此，埃及人的服饰打扮也别具一格。

二　典型服饰

古埃及的奴隶制等级观念也体现在服饰上，其服装最显著的特点就是褶皱。不同的褶皱不但代表了不同的性别、身份和地位，而且还延伸到服装的其他部分——饰物、发型、化妆，处处都有不同形式的褶皱。在相当长的时间内，服饰的形式相对稳定。直到亚历山大于公元前332年入侵埃及后，建筑、雕刻和绘画艺术等文化的输入，使埃及人的日常服饰慢慢地发生了变化。当时的服饰与建筑物的形状完美结合：第五王朝的服装大多为锥形，与金字塔形状相似；古老保守的王室成员服饰在后来也逐渐变长、变宽。但是，在庆典场合和宗教仪式上，他们仍然保留了由繁多的褶皱所形成的具有丰富立体的层次和明暗效果的服饰风格。

古埃及服装的款式几乎没有什么变化，女性服装的特征是高高的腰线，而男性服装则强调臀部。大多数服装样式都很简单，大致呈三角形。由于气候极其炎热，埃及的服饰常常具有以下三个特征：宽敞、轻盈、省布。在埃及，决定一个人的社会地位的不是服装的款式，而是衣服的布料（见图 1）。所以，一个人的社会地位越高，他身上衣服的布料就越好：法老的衣服常常用细软的亚麻布来做，可能还用金丝来装饰。

三 女子服饰

古埃及的女子享有重要的社会地位，其最具特色的服饰就是贴身长裙。这种紧身女装款式以直筒裙为主，衣服的一侧被缝合，从胸下一直垂到脚踝之上，并由两根肩带把它往上提。另一种套装由三部分组成：上身为紧身短胸衣，胸衣在前在后都可以脱下；衣袖窄小，用细绳连到身体上；胸衣配着宽大的裙子，裙褶呈水平状（见图 2）。

紧身筒裙上有许多固定的褶裥，像现在的百褶裙一样，使紧瘦的裙子有伸缩的余量，不妨碍走路，并且具有装饰感。法老和贵族的妻子穿着用漂白的亚麻布做成的褶衣，衣褶以手工折成，然后上浆固定。保养这些衣服得特别仔细、谨慎，仆人们要花上几个小时来把它们浆硬。

四 男子服饰

在古埃及早期，男子无论地位高低都赤膊，下身穿着包缠式的围裙。男人们把这种简单的褶裙缠在腰部，末端相互折叠着垂在身体前部。褶裙最初是用皮革或牛皮做的，后来就用一种很轻的布，通常是亚麻布。法老所穿的褶裙后有时会垂下一条狮尾，而士兵则穿着带条纹的或用彩色布料做的褶裙。随着时间的推移，褶裙被裁剪得越来越棱角分明，而且还经过了浆洗，这样褶裙就硬得可以往外挺，并在身体前部形成一个三角形。

直到第十八王朝，好战的国王从美索不达米亚的古代国家带回许多战利品，包括一些服饰。由此，被称为“卡拉西里斯”（Kalasiris）的筒形衣服传入埃及，埃及的上层人物才开始在包围式的围裙里面穿上了筒形长衣（见图 3）。卡拉西里斯是穿在半身围裙外面的罩衣，长而宽松，大多没有褶纹的装饰，穿法有更多的变化，可以在卡拉西里斯前面围三角形或坠子围裙。地位高的人，如国王、总督等，围裙的衣褶是从围裙下面两个角向上面的腰带方向做放射状，其形式象征着阳光四射或象征着缠绕的毒蛇。蛇是埃及人所崇拜的图腾，并象征着王权。有的围裙在腹前系着三角形，上面装饰着蛇的图案。

五 服饰品及形象

1 发型与头饰

古埃及人特别爱干净，尤其是在宗教仪式中，不洁被认为是对神的大不敬，将会受到神的“惩罚”。出于这种爱干净的需要，古埃及人常常把容易藏污纳垢的头发和胡子都剃掉，男女皆剃发。男子剃光，女子剪短，取而代之的是各种假发和假胡子。久而久之，光头与戴假发成了古埃及人的一种习惯。

同样，发型和服装也能体现出一个人的社会地位。小孩的头发会被剪短，再用一根绳子系住，或者留边梳发，即把头发全部梳向头部右侧，这种边梳发在当时意味着和皇室的某种关系。到了新埃及王朝

图 1 古代埃及贵族服饰

图 2 穿紧身筒裙的女子

图 3 卡拉西里斯的筒形服装

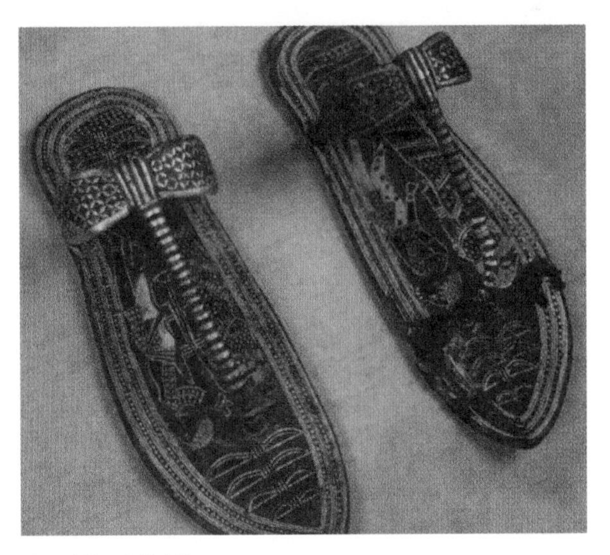

图 4 古埃及人的凉鞋

时期，女子把假发发展到了极致，长长的假发披散着垂至肩下，上面点缀着黄金饰带、黄金圈、五彩玻璃以及各种珠宝。有时，她们还在发顶戴有装香脂的锥形容器。

2 化妆

古埃及人十分重视自己的外表修饰，许多现代的化妆品就是从那时发展而来的。在古埃及，男人和女人都用化妆品。对镜梳妆打扮，再涂些化妆品、洒点香水，这些现代妇女每天必做的“功课”，在四五千年前的古埃及就存在了。女人用淡黄褐色的化妆品使皮肤变浅，而男人则把橙色的胭脂抹到脸上，使肤色加深。他们画着绿色或黑色的眉毛、眼圈和睫毛，有时还用一种灰色粉末来抬高和拉长眉毛，勾出弯弯的眼线。古埃及人还喜欢使用香水和香膏，且品种繁多。男子不留胡子，但帝王和高官可以留，胡子在下巴处多呈筒状。

3 珠宝与饰物

古埃及的雕塑和壁画显示出，当时的男人、女人都穿戴珠宝。珠宝和饰物应该被视为服装的一部分。埃及人用珠宝来体现财富的多寡，并且用它来为衣柜增色。公元前 1500 年至公元前 1150 年，是新王朝最奢侈的时期，项链之类的物品已经为人所穿戴，项链、臂环、手镯和脚镯用黄金、珊瑚、珍珠、玛瑙、玉髓等制成。制作首饰的材料有金、银、宝石、玉石、铜、贝壳等，不同的颜色蕴含着不同的象征意义。如黄金为太阳的颜色，具有孕育生命的特性；白银是月亮的象征，主要被用来制作神灵的骨骼；绿松石或孔雀石是尼罗河的颜色，它“赋予”万物以生命；东部沙漠中出产的碧玉和红玉髓，分别象征着植物和鲜血，都含有代表生命的意义。

4 鞋子

古埃及凉鞋最基本的形状很像皮带，由两根吊带和一面鞋帮组成（见图 4）。一根吊带穿过大脚趾和第二根脚趾之间，然后与另一根越过脚弓的吊带相接。人们认为它是使双脚不被沙漠里的热沙烫伤，同时又能让脚保持通风和凉快的最理想的办法。古埃及人普遍穿凉鞋，并用宝石加以装饰。

第二节　古代西亚服饰（公元前 3500 年至公元前 330 年）

在亚洲西部，幼发拉底河和底格里斯河并行奔流，两河中下游地带被称为“美索不达米亚”，希腊语意思为两条河之间的土地，是人类文明的又一摇篮。美索不达米亚有四个主要民族，即苏美尔、巴比伦、亚述和波斯。公元前 18 世纪，古巴比伦王国国王汉谟拉比统一了两河流域，建立起中央集权的奴隶制国家。频繁的战争和朝代的更替使这一地区的文化混杂。其服饰不仅带有两千多年两河流域的文化，而且在面料、样式、装饰与制作工艺上精致华美，对之后欧洲服饰的形式有较大的影响。

一　苏美尔（公元前 3500 年至公元前 1600 年）

1 典型服饰

苏美尔人是居住在美索不达米亚地区最早的居民。苏美尔人服饰最大的特点是简单，而且男女服饰没有很大区别，其基本的样式是用被叫作“卡吾那凯斯”(Kaunakes) 的面料缠裹在腰部。

关于他们的早期服装，现代人是根据特勒艾斯马尔阿布神庙内的 12 座摩苏尔石像得知的。阿布神庙的这些雕塑，人物的眼睛都睁得特别大，露出虔诚祈求的目光。出于宗教目的，人物形态笔直僵硬，双手抱胸。与埃及雕像不同的是，人物的服装衣纹表现得很简单，但款式特点还是能够一目了然（见图 5）。平整裹身的圆形裙衣下垂到小腿处，无疑是缝合的服装。从已经发掘出土的粗糙缝针，我们可以了解到，当时的手工缝合技术已经达到非常高的水平。服装的另一个特点是裙衣上的穗状垂片，我们从几尊不同的雕像上可以看出这些穗片有不同的款式，有的从膝上下垂至膝下，有的则从腰间下垂，层层重叠呈伞状。

从此时期一位杰出领袖的雕像中我们可以发现苏美尔人后期服装的变化。雕像上身裹着的一块大围巾搭过左肩，头上戴着无边羊皮圆帽，上面装饰着许多小波纹。由此可见，苏美尔人服装的裁剪和缝纫技术还是比较发达的。

2 服饰品及形象

苏美尔人在发型上非常讲究。男子把头发和胡须剃得干干净净，只留下漂亮的唇上须。女子发型种类较多，也有使用假发作为装饰的。金项链、金手镯都镶嵌有琉璃、红宝石等，当时的金属工艺令人惊叹。

二　巴比伦和亚述（公元前 1500 年至公元前 50 年）

1 典型服饰

巴比伦和亚述的服饰，集两千多年来美索不达米亚平原地区人民所创造的服饰之大成。其艺术文化也在公元前 7 世纪至公元前 6 世纪达到高峰，堪与古代埃及和古代希腊的文化艺术相媲美。

男子服饰主要表现形式为包缠型的袍服，用三角形织物绕身包缠，里面穿直筒紧身长衫，外面用带有流苏的布料缠绕腰部两周，呈螺旋形，再搭过左肩（见图 6）。布边的流苏和穗带具有很强的装饰性，显得纵横繁复，雍容华贵。女子服饰形式与男子服饰相同，只是更宽松些。已婚妇女都佩戴面纱，不能抛头露面。

巴比伦和亚述服饰与希腊服饰相比，更具有装饰性，更豪华贵重，而希腊服饰则更带有自然气息，飘逸浪漫、自由朴素。

2 服饰品及形象

为与华丽服饰相配，当时的人们十分重视头部的化装和首饰的佩戴。男性的头发和胡须很长，都加以分段卷烫，层层卷曲的小波纹显得十分华丽而有层次，他们还在向后披着的头发上撒上金粉（见图 7）。帝王和高官还戴着用羽毛或宝石装饰的头冠。

图 5 苏美尔人的流苏羊皮裙

图 6 巴比伦人的卷衣

图 7 巴比伦时期流行的胡子和头发式样

三 波斯（公元前 550 年至公元前 330 年）

1 典型服饰

波斯人的服装比巴比伦与亚述人的服装更有创新，他们十分善于吸取外来民族的服装特色。波斯人是游牧民族，受高原寒冷气候的影响，他们的服装较为合身，并采用皮革等厚质材料。“亢迪斯”（Candys）是当时最具代表性的服饰，其与众不同之处在于袖子呈喇叭形，在后肘处做出许多褶裥。人们在亢迪斯里面穿有紧身衣套衫，下穿宽松的裤子。亢迪斯一般为国王专用，上面除了刺绣外还镶嵌有宝石。这是西方人第一次对袖子的造型加以重视，对以后欧洲的服饰设计颇有影响。

波斯女子同样也戴面纱，上衣贴体剪裁，紧身而合体，勾勒出明显的曲线，下身穿流线型长喇叭裙，裙摆有长长的流苏装饰，还有金属圆片和刺绣图案的装饰。

2 服饰品及形象

波斯的男子非常注重化妆，胡须和头发也与巴比伦和亚述人相近，仔细卷烫，撒上金粉，身上还洒香水。男女都戴有宝石镶嵌的耳环、手镯、项链和戒指。普通人还戴一种用白亚麻布制成的圆锥形软帽，这种软帽起源于头巾，成为帽子后，使用者仍用一块围巾把下巴和两颊围住。波斯人在鞋的造型上有很大的进步，是按照脚形来做的，女子的鞋面上则有珍珠宝石作为装饰。

第三节　古代欧洲服饰（公元前3000年至公元5世纪）

地中海沿岸的古代文化辉煌灿烂，成为欧洲文明的发源地。古希腊人富于革新精神，仅仅400年间，就创立了政治学、哲学、数学以及几何学。古希腊雕刻使我们了解到古希腊人的衣着、装饰和一切精巧美丽的生活用品的式样，这一切促成了古代文明的一个巅峰。而古罗马则继承了古希腊的文化艺术，并与古罗马本身的文化融会贯通。贵族专制的古罗马帝国服饰比古希腊服饰更为奢侈、华丽。无论是古希腊时期还是古罗马时期，当时的服装都遵循比例均匀、平衡和谐的形式法则，讲究整体效果，忽略细节刻画，摒弃繁杂的装饰，并以悬垂型设计为其主要特征。

一　克里特岛服饰（公元前3000年至公元前1100年）

1 时代背景

爱琴文明首先产生于克里特岛，而且克里特的农业、手工业和海外贸易相当发达，是地中海和爱琴海一带欧亚、欧非的贸易枢纽。同时，克里特文化对希腊半岛的影响很大，历史上也把克里特－迈锡尼文化统称为"爱琴文明"。克里特人喜欢音乐和户外的体育活动，这种乐天派的民族特性也反映在其服饰上，形成了与其他古代民族截然不同的服饰。

2 女子服饰

克里特女子的服饰更加艳美、精致，其基本造型为上衣和裙子的组合，高腰位的腰带把服装分为两部分。这时的布料似乎质地较硬挺，便于造型。紧身和前胸袒露是克里特女装的特色。上身是一件短袖紧身衣，前胸在乳房处敞开无扣，乳下则用绳扣紧紧束住。腰部束得很细，下身是在臀部蓬起的多层喇叭裙，这是一种一段段接起来的宽大的吊钟状"塔裙"（见图8），每一段都捏有很多褶皱，其整体造型类似于19世纪中期巴黎流行的"克利诺林"(Crinoline)样式。此外，裙前还有一条小围裙状的罩裙，衣裙上的图案精美、色彩华丽，也常常用各种刺绣、装饰品、褶皱、荷叶花边来修饰。

克里特时期的女装与同时代的古埃及、古西亚以及后来的古希腊、古罗马等服饰并不相同。当古希腊人还用金属卡子、别针或绳带来固定衣服，使衣服呈现宽松形态时，克里特人则创造了紧身的合体衣型，强调了人体的曲线美。

3 男子服饰

克里特男子服饰较为简单，上身一般赤膊，下身主要为包缠型短裙。这种裙子很短小，腰身束得很细。当时细腰也是表现理想形象的一个关键。另一种款式的男装，下身的胯裙底边倾斜，让人觉得很有动感，还有带念珠的别致的长穗装饰。用布料做成的紧身腰带，被饰以蔷薇花和螺旋状的图案，突出了男性腰身。与女子服饰一样，男子服饰也用色彩艳丽的布料制作，并饰以几何图案。

图 8 克里特人的塔裙

图 9 多利安式希顿

图 10 爱奥尼亚式希顿

4 服饰品及形象

克里特时期男女都留长发，并经过卷烫。男女帽子的造型也很独特：男帽上有羽毛的装饰；女帽分为两种——一是两层或三层的无檐筒状的塔邦式，另一种类似贝雷帽式。

女子戴着细细的项链，长长的项链足可以绕颈三圈。而男子对丰富多彩的饰品情有独钟。他们在胸前佩有项链，在缠腰布前挂上用珍珠编制的网状装饰物，同时在手臂上套很多只臂镯。这种装束使男性精干俊美，也与当时华丽的女性服装十分相配。

二　古希腊（公元前 1000 年至公元前 1 世纪）

1 时代背景

古希腊人生活在浓厚的哲学思辨的气氛中，其审美观也是高层次的，推崇自然、潇洒与和谐之美。古希腊的服装和雕塑、建筑一样，强调对人体自然美好的推崇。古希腊服饰一般属于块料型，大多不需缝纫，以各种形状和品种的材料披覆和包缠在身上，用别针、金属扣或腰带等固结或系结，充分表现了人体的自然之美。缕缕下垂的衣褶使人联想到希腊柱式的特点：贯通柱身的条条凹槽在阳光照耀下显出优美的明暗变化与层次。同时古希腊人衣身上的褶纹随着人体的动作会不断变化，更富有活动的韵律和节奏。

2 典型服饰

古希腊服饰以优雅、飘逸见长，轻薄的纱质、缎质面料及雪纺能够体现出希腊服装所特有的垂顺感。古希腊服饰整体让人感觉舒适慵懒，凸显上身，不注重腰身，胸线以下多为直筒轮廓。宽松的设计加上褶皱、垂坠和立体花卉几乎成了希腊式服装的经典搭配。古希腊的经典服饰主要包括以下几种。

（1）希顿（Chiton）

古希腊人的基本服饰因两种不同的民族而被分为多利安式希顿和爱奥尼亚式希顿。

多利安式希顿（见图 9）由一整块面料构成，呈矩形，其长边大于着装者的高度，宽为两臂张开后两肘间距离的两倍。古希腊人在穿着时，将多余的部分向外折叠，使矩形对折，多余的布料自然地垂在身上，形成优美的垂褶。同时，为了强调衣褶和运动的便利，他们会在腰间绑上腰带，胸部用腰带稍加悬吊，两侧各留穿孔以便双臂伸出。多利安式希顿的特征是没有袖子，造型简洁，毛织物的厚重也表现了悬垂褶皱的效果。

爱奥尼亚式希顿（见图 10）的上身没有向外面的翻折，只是用腰带将宽松的长衣随意系扎一下即可。两肩系结处的别针数量不等，形成自然的袖状。别针多为金属，体积较小，式样繁多，加工精细，其本身就是绝好的工艺装饰品。

希顿还因穿法和系法的不同，在身体的不同部位使用腰带，使服装变得有立体感、结构感，并且富于变化。

（2）希玛纯（Himation）

希玛纯是一种穿在外面的长外衣，穿着方式为缠绕在身体上，露出单肩，一般多为上层贵族所用。希玛纯最先使用的是羊毛织物，适合在户外穿着。一些轻薄材料被发现后，希玛纯也就不再受穿着地点的限制。因无腰带，穿脱更为自由，且宽松随意、无一定格式，此种服饰后来演变为古罗马的基本服饰——拖嘎。

3 服饰品及形象

古希腊人非常注意面部化妆和肌肤护理，不仅女子关心容貌，男子同样花大量的时间锻炼体形、化妆、喷洒香水。女性留长发，头饰丰富多彩，有用金银宝石做的精美饰物或是用动物头骨做的发针，她们也会用华丽的彩带系住头发。早期男子的胡须和头发都很长，他们用发带将头发加以整饰，贵族经常烫发，并把头发染成金黄色。以后男子将头发逐渐改短并不留胡须，将短发做成波浪卷，有时还在额头上方系带，使之不蓬乱。

另外，同其他民族一样，古希腊人也以佩戴珠宝来炫耀财富。后来，东方款式的珠宝相继传入，古希腊人开始按照东方式样来制作珠宝，因此这段时期被称为古希腊的“东方时代”。

三 古罗马（公元前 1 世纪至公元 5 世纪）

1 时代背景

古罗马帝国种族繁多，并不断扩充发展，使古罗马文化深受各外来民族的影响。古罗马能吸收各民族在文化艺术等方面的精华，并大力推崇和支持，一度成为古代西方世界文化的中心。古罗马服装承袭了古希腊的基本风格和形式，只是更强调地位的象征。从共和时期到帝国时期，古罗马社会的日益繁荣使得古罗马人的服装和饰物越来越讲究，形式也越来越奢靡。

2 典型服饰

古罗马的服饰文化与美术、音乐等其他文化一样，受到古希腊文化的影响很大，古罗马服饰几乎没有什么创新。其基本形态是贯头型的内衣和宽敞的缠裹式外衣的组合。缠裹式长衣是古代罗马文明的象征。古罗马也是古代很有秩序的阶级社会，因此服饰是身份的标志。“托加”和“丘尼卡”作为古罗马服装的基本形制，充分反映出这种古典主义风格。

（1）托加（Toga）

托加（见图 11）是古罗马服装中的重要外衣，男女都普遍穿着。它与古希腊的典型包缠型外衣希玛纯近似，不过希玛纯为方形，托加呈半圆形。它曾是古罗马男性公民身份和地位的象征。长袍上的带状衣边有区分等级的作用，通过衣边宽窄不同，来显示穿着者权力的大小与等级的高低。托加一般用羊毛织物制成，可想而知其褶皱也是十分沉重而有深度的，因此托加的整体效果十分庄重、高雅。到古罗马后期，托加的形制逐渐变小，或只在隆重的礼节性场合穿着。

（2）丘尼卡（Tunica）

丘尼卡（见图 12）是由古希腊的爱奥尼亚式希顿演变而来的，是一种有连袖的宽敞的筒形衣，有时可穿内外两层。内层较短小，外层较宽大，是古罗马人平日的简便装束，必要时再把托加套在外边。古希腊人一般只穿单层衣服，而古罗马人习惯穿双层衣服，所以内层衣服就逐渐变成紧身的长筒形衬衫了，

图 11 托加

图 12 丘尼卡

一般长度在膝下。为了体现身份标志的作用，贵族通常在前后各装饰两条红紫色的条饰，称为“克拉比”（Clavi），其宽窄则表示官阶的大小。

3 服饰品及形象

古代罗马人广泛使用化妆品、香水和护肤品，男女都使用芳香料。他们也都十分重视头发和胡须的修饰，当时的理发业相当火热。古罗马贵妇的头发式样被制作得极为复杂华丽，有时密密麻麻的卷发高耸，金发在当时大受推崇。女性采用珍珠或宝石装饰头发，还用一种有精致雕刻或纹饰的发针插在头发上。男性的头发一般都剪得很短，近似平头，胡须也是短而卷曲。古罗马男女都不戴帽子，只有皇帝一人戴王冠，这是一种用纯金打造的桂叶形花冠。在装饰方面，整个古罗马帝国珠宝首饰日趋华丽，以古希腊风格尤为突出。

思考题

1．古埃及人的装饰品有哪些？

2．试列举出三种古希腊的典型服饰，并说明其特点。

3．古代欧洲的服饰有哪几种？说明克里特岛服饰的不同之处。

第二章 CHAPTER 2 中世纪服饰

本章主要内容：历史上一般把5世纪至15世纪称为中世纪，并从时间上分为“拜占庭时期”“罗马式时期”和“哥特式时期”。中世纪的服装文化受到基督教的影响，在服装上体现为遮盖体形和显露体形两种矛盾的现象。我们从不同时期服饰的形态可略知一二：拜占庭服饰由古罗马那种宽衣文化演变而来，经过罗马式时期，最终落脚到哥特式时期的窄衣文化。

建议学时数：3

第一节　拜占庭时期服饰（4世纪至10世纪）

一　时代背景

拜占庭曾是希腊的殖民地。324年，罗马皇帝君士坦丁一世重建拜占庭，改名为君士坦丁堡，后来历史学家习惯用这个古都的名称来称呼东罗马帝国，即“拜占庭帝国”。

拜占庭帝国首都位于欧亚大陆的桥头堡的有利位置，不仅成为经济、政治中心，也是当时欧亚大陆的文化中心，继承和发扬了希腊、罗马的文化，更融入了基督教文化和东方许多传统文明及艺术风格，产生并发展出独具特点的拜占庭文化，对同期及后期的欧洲文明影响深远。同时，拜占庭发达、精致、华美的染织业也是其文化的重要组成部分。

二　典型服饰

早期的拜占庭服饰，基本沿用了古罗马帝国的服装样式。随着基督教文化的展开及普及，服装的外形渐渐趋于保守、呆板，而服装衣料的种类及加工技术逐步提高，丰富的装饰纹样及色彩搭配成为拜占庭服饰的一大特点。色彩亮丽的布料、花边、流苏、镶有珍珠的刺绣以及所有东方服装的点缀装饰，使得拜占庭服装的衣边异常引人注目。

1　达尔玛提卡（Dalmatica）

达尔玛提卡是由丘尼卡演变而来的长衫，是没有性别的普通服饰。这款服装是将布料裁剪成十字形，中间挖出领口，袖下缝合，有时腰间系带。上流人物的腰带是既漂亮又昂贵的皮带或是由小金片串成的腰带，并镶有彩石。后来它逐步变化成窄袖合体型：袖口变得非常贴身；衣身、袖口和裙摆边装饰着复杂、华丽的刺绣；从领口两侧的肩处直到裙下摆边缘有两条带状纹饰，宽窄不一；女子衣衫长至脚踝，男式稍短，只至膝下，下身搭裤子。

2　帕鲁达门托姆（Paludamentum）

帕鲁达门托姆是拜占庭时期最具特色的外衣，早在古罗马时代就被使用。它是一种方形的大斗篷，其差异显示在长短的变化上，右肩上的很大的宝石别针或是扣子能将面料的两端别住。为了显示地位，一种叫作“塔布里昂”（Tablion）的四边形装饰物被缝在胸前，上面常绣有金色纹样（见图 1）。其典型的例子是意大利拉韦纳的圣维塔列教堂内壁上的马赛克壁画，皇帝查士丁尼一世和皇后泰奥多拉穿的就是帕鲁达门托姆。

这些服饰把古希腊、古罗马的宽肥而又具悬垂性的服装与东方精致的纹样结合在一起，并缀以豪华的装饰，因此，拜占庭时期被称为“奢华的时期”。与古埃及、古希腊、古罗马以及爱琴文明相比，拜占庭帝国进入了一个令人眼花缭乱的世界，其混织金线银线，并将宝石和珍珠织进织物，十分豪华。

三　女子服饰

拜占庭时期的女性深受基督教教义的影响，将身体裹得严严实实的，甚至还要遮住脸和手。第一层衣服是贴身的女士内衣，长及脚踝；第二层是在腰部或是腰部以上的束带上衣。该时期的女子还穿着古罗马妇女的宽松长外套，在长外套外面还会穿上一件罩袍，有的女子还会披上长长的面纱，垂在脑后，或是正面折叠起来披在手臂上。长长的外衣完全符合当时掩藏体形的时尚。

除了宫廷女性外，社会其他阶层的女子也受到限制和隔离。她们的日常生活都是在忙碌家务，不过瑟尔多娜皇后例外。她偏爱豪华奢侈的生活方式，这也体现在她的穿着上：绫罗绸缎，配上珍贵的宝石和大量的金边刺绣，更显奢华隆重，衣身与衣领都镶上了金边，珠宝首饰更是挂满全身。

图 1 达尔玛提卡和帕鲁达门托姆披肩

图 2 拜占庭时期男子的着装

四 男子服饰

男子的服装（见图 2）与女子的服装大致相同，为了遮掩体形，衣服的层次特别多：首先是内衣，然后是达尔玛提卡，穿在长套衫的外面。男子在长袍里还要穿短裤，所有人的身体都让长长的衣服遮掩着，连男女都无法识别。一个人的财富和地位也可以通过华丽的服装来显示，皇帝的服装在拜占庭时期还引领着社会的时尚风气和生活方式。

五 服饰品及形象

1 发型与头饰

拜占庭时期的女子留长发，她们会梳理成各种精美的发型，有时绑一根东方风格的头巾，有时往头发里编入一串珍珠。男子的发型与古罗马帝国时期男子的发型差不多，留短发，但在前额留点须边。

拜占庭时期的女子都戴着由丝织物包裹或卷成的各种圆形的帽子，并用填充物塞出很丰满的造型，有时用带有珍珠的网状饰物一圈圈绕在帽子或头发上。

2 鞋子

拜占庭时期的鞋子明显受东方文化的影响，男子主要穿长及小腿的长筒靴，贵族女子穿镶嵌珠宝的浅口鞋，前部呈尖形，更显秀巧和豪华。拜占庭人的鞋子，无论是色彩还是选料，所强调的都是镶贴艺术，追求缤纷多变的装饰性。

3 珠宝与饰物

喜欢绚丽色彩的拜占庭人在宝石设计领域发挥了卓越的才能，珍珠、钻石和各种宝石被大量而奢侈地使用。拜占庭人发明了彩色玻璃，他们用彩色玻璃制成小镜子，沿边缝制在服装和饰品上，其装饰功能大过实用功能。瓷釉的技术也从波斯向西传播到拜占庭，最受欢迎的款式是由古希腊金匠发明的景泰蓝瓷釉，这是一种在铜胎或青铜胎上镶珐琅的工艺品，是综合中西工艺的结晶，风格更趋于中国化。

第二节 罗马式时期服饰（11 世纪至 12 世纪）

一 时代背景

所谓“罗马式时期”（Romanesque），是史学家对欧洲各国受古罗马文化影响的一种建筑样式的称谓，后泛指这一时期的绘画、雕刻、建筑、音乐和文学等所有文化现象。罗马式服饰是日耳曼文化吸收基督教艺术和古罗马艺术后形成的，是从古代宽衣向近代的窄衣过渡的一个阶段。罗马式并不是古罗马式的翻版，而是以古罗马式为主，以希腊式、拜占庭式为辅，再加上基督教的普及所产生的宗教精神影响而产生的一种泛化的风格。

罗马教皇和西欧的封建主在 11 世纪向地中海发动了军事行动——十字军东征。这场战争引入了东方的服装文化，使欧洲的服饰再现光彩。封建制度和经济的发展，增强了法兰克文化艺术对当时西欧的影响，使其具有一定的代表性。

二 典型服饰

罗马式时期的服装在形式上，一方面继承了古罗马和拜占庭的宽衣、斗篷、风帽和面纱，保留了系腰带的尼丘卡等紧身的窄衣样式，另一方面融合了两个时期的服饰特点，逐渐形成独立的服饰文化。罗马式时期的男女服饰没有很大区别，其基本品种有外衣布里奥、内衣鲜兹和斗篷曼特尔（见图 3）。

1 布里奥（Bliaut）、鲜兹（Chainse）

布里奥是在丘尼卡的基础上演变而成的，是一种颇具特色的大喇叭袖连衣裙，领口呈倒三角形，边缘有数条凸纹装饰，并用金银丝线缀缝。其特点是：从上到下，通体充满了细密绵长的褶裥，似乎是用很薄的丝绸作为面料；在臀胯处系有带状饰物，松松地围绕两圈，在腹前打结下垂并缀有璎珞。

鲜兹是白色麻织物的内衣，有窄长的紧身袖子，袖口装饰着精美的刺绣。外衣布里奥通常比鲜兹短，长及膝，所以领口、袖口和下摆都有露出的鲜兹。

2 曼特尔（Mantel）

曼特尔是一种类似托加、无袖的卷缠状或披肩状的外套，常包缠或披在布里奥外面，形成了典型的罗马式装束（见图 4）。其形状种类很多，有长方形、圆形和半圆形的，还有戴帽的和不戴帽的等不同款式。面料经常选用棉布、织锦、绸缎，长外衣的领、袖、下摆都有滚边及刺绣的装饰。

3 分色服

分色服是罗马式的典型服装，源于纹章不对称的色彩构图。纹章于罗马式时期在欧洲盛行起来。十字军在战服和盾牌上画有红色的十字标记，随后贵族们以各种图案组成纹章作为家族的标记，并发展到服装中，产生多种色彩构图，从而构成了多姿多彩、别具一格的服装。分色服在男女服饰上展现了不同的设计，男子多为裤子的分色，而女子则是纹章与色彩不对称的搭配，在贵族礼服上应用得较多。

三 女子服饰

罗马式时期初期的服装是全身掩盖式，头上垂纱。罗马式时期后期，女装收紧腰身突出体型和曲线，这是服装显示性别的开始（见图 5）。贵族们时兴穿紧身服连衣裙，上身和袖子较窄，裙摆宽松，裙角开衩，加上彩色饰边，镶嵌珠宝、黄金，高贵而华丽。女子常穿大披肩、斗篷，其特点是尽可能把肌肤包藏起来。

罗马式时期的女性在冬天常在布里奥外穿一件紧身背心，这种背心被称为“科尔萨基”（Corsage）。科尔萨基在领口有滚边，背后开口，穿时用绳带系合，也同样体现了女子的身体曲线。科尔萨基上还饰有金、银和各种色线，有很强的装饰效果。

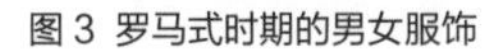

图 3 罗马式时期的男女服饰

图 4 罗马式时期的曼特尔外套

图 5 罗马式时期后期的女子服饰

四 男子服饰

男子服饰和女子服饰相近，穿布里奥长衫和类似托加的曼特尔外套。在拜占庭时期，由于受落后的游牧民族影响，男子的衣服普遍缩短；而在罗马式时期，经济的发展使得衣服又长起来。从这一时期的雕刻人像看，当时的男子穿布里奥长衫再披上曼特尔的服饰，几乎与古代罗马服饰相同。此外，男子仍然穿裤子和袜子，裤子上常有漂亮的装饰。

五 服饰品及形象

罗马式时期男女的装扮都比较朴素。男子的头发长至双肩披到后面，留着满脸的胡子。女子的头发大多从中间分开向两边梳成两条长长的辫子，并用一些彩色的饰带编进辫子作为装饰。帽子还是继承拜占庭时期的王冠式帽子和用织物卷成型并用珠宝网罩装饰的帽子。此时的男女外衣的腰带上，还常悬挂一个用丝绸或皮革精制而成的小口袋，用以放钱、钥匙等等，这可能是由于基督教的普及、施舍之风盛行而致。

第三节　哥特式时期服饰（12 世纪至 15 世纪）

一　时代背景

中世纪欧洲的哥特式艺术在 12 世纪至 15 世纪达到鼎盛，经济和社会产生了深刻的变革，其思想、文化和艺术也得到了空前的发展。这一时期的艺术，是以建筑为主的艺术，包括雕塑、绘画和工艺美术，通常被称为“哥特式”（Gothic）艺术。十字军东征以后，随着东西方贸易的加强，欧洲大量进口了东方的丝织物和其他奢侈品，手工业也同时得以发展。物质文明的进步、纺织技术和染织技术的发展也使其文化水准得以提高。

服装的特征是垂直线和锐角的多方面运用，以频繁使用纵向延伸的线条为其一大特征。哥特式艺术是一种浪漫型艺术。所以，哥特式时装可被视为当下正流行的新浪漫主义时装的一个分支。它是“罗马式”艺术的更高发展，是中世纪天主教神学观念在艺术上的一种反映。

二　典型服饰

哥特式风格深深地影响了中世纪法国服装的服饰审美及服饰创造。男女服饰的整体轮廓及袖子、鞋子、帽子的款式都充分呈现出锐角三角形的形态。哥特式初期，男女服装造型的性别区分不明显，都以宽敞的筒形为主。13 世纪，女装出现了“省道”（Dart），通过立体化的剪裁手段展现了人体的曲线美，确定了三维空间的窄衣基型。14 世纪中叶，男女服装造型开始分化，男装上重下轻，极富机能性；女装上轻下重，富有装饰性（见图 6）。哥特式时期服装主要表现为以下几种典型样式：

1 科特（Cotte）

科特为紧身外衣，是古代地中海国家男女皆宜的基础服装。科特由过去的束腰紧身衣丘尼卡发展而来，较之原来的样式有所加长，小圆领口、收紧的袖口和裙下摆常有饰边。男子衣身较短，一般为素色毛织物，在中上阶层中，它主要穿在外衣里面，因此装饰很少。女子衣身较长，而且裙摆有更多褶皱，腰带系得较高，从躯干到袖子上半部为宽松型，从肘到袖口则较紧并有纽扣。

2 修尔科（Surcot）

修尔科是一种装饰性的外衣，用料较为华丽，男女样式接近，有无袖、半袖、长袖式样。男子衣身较短，两侧开衩到胯部，便于行动。女子服饰多为喇叭口的半长袖，露出里面的紧口袖，富有层次美，与之对应的裙摆也很宽大，呈喇叭状。有趣的是，女子常把多余的长裙在腹部提起，前面的堆褶使腹部凸起，女子看起来好像孕妇。据说这是因对圣母玛利亚的崇拜而形成的流行样式。

3 科塔尔迪（Cotardir）

14 世纪出现的科塔尔迪是向豪华、奢侈方面发展的外衣，是华美的贵族服装。其特征是从腰部到臀部非常合体，在前中央或是背后用扣子或是绳带固定。男子的科塔尔迪为上衣下裤的形式，女子的是连

图 6 哥特式时期男女典型服饰

图 7 哥特式时期男装普尔波万

图 8 哥特式时期男装普尔波万

衣裙式样。在这以后，男女服装的外观造型开始有了各自不同的审美标准。

女子的科塔尔迪上身贴体，领口开得较大，袒露出双肩。在臀围线附近装饰的一条缀有宝石的腰带，是合体的上半身和宽松的下半身的分界。裙子下摆加大，呈喇叭状，后裙裾有时会拖得很长，整个衣裙也常常会在上下左右采用不同的色彩和图案，呈现不对称的形式。男子服装的上衣常常是连帽披肩，帽后有长长下垂的帽尖，与其尖头鞋相呼应。衣袖的两臂处还缀有长长的垂袖。男子下身穿着紧瘦包腿的长筒袜，有时在袜底缝上皮革直接当鞋子穿，或是在袜底做一个圈，套在脚上，外面再穿鞋。衣身、垂袖和裤袜常常采用左右不对称的颜色，使人联想到教堂里那些色彩对比强烈、风格华丽的彩色玻璃窗。

三 女子服饰

修尔科－托贝尔（Surcotouvert），即为敞开的修尔科，有很强的装饰功能，因此使用大量的贵金属、宝石和毛皮进行装饰。上身除领圈外只剩下从肩直敞至手腕处的两个袖口，女子穿着紧身长袖内衣的纤臂从大敞开的袖口处伸出，衬托出装饰在臀部的华美腰带，更呈现出雍容华贵、壮丽稳重的建筑般的造型。衣身前中央装饰有一排宝石纽扣，裙子部分宽绰有褶、垂于地面，还用毛皮作为镶边。

15 世纪的西欧已转入了哥特式后期，这个时期被称为“后哥特时期”（Post–Gothic Age）。后哥特时期的法国女装式样以“吾普朗多”（Houppelonde）为主。女式的吾普朗多是高腰的宽松裙子，袖子宽大可达地面。这种衣服的另一个特点是装饰豪华，使用白貂皮衣领和花样繁多的边缘装饰。随着时间的推移，上身被制作得更为贴身，袖子也改为紧袖，配以带有轻薄型面纱的尖顶高帽，这种帽子被称为“汉宁帽”（Hennin）。实际上，这类面纱只起装饰作用，几乎是透明的。尖顶高帽等服饰的出现使哥特式服装的发展达到了一个新的高度，与哥特式建筑从神似达到了形似。

四 男子服饰

哥特式时期法国男装款式较女装少，样式也较为朴素，主要表现如下：

普尔波万（Pourpoint），其原来是衲衣的意思，即把多层布衲在一起的衣服，原为士兵穿在铠甲内保护身体的紧身衣。其特点是紧身，前开式，胸部用羊毛或者其他碎织物填充，袖子贴身，并从袖口到肘部都有纽扣（见图 7）；下摆仅到臀线，较以前的任何一种衣服都短。普尔波万是第一种与长裤相搭配的正式男装，并且流行左右裤腿异色的搭配，其基本样式一直延续到路易十四时代。这种富有机能性的上重下轻的样式，使男装与女装在穿着形式上有所不同，衣服性别也随着造型而明确下来（见图 8）。

后哥特时期的法国男装在装饰上正式采用了纽扣。这一时期的服装有两大完全不同的种类：以普尔波万和裤子相结合的式样和筒形衣服吾普朗多。这一时期的普尔波万在紧身、短小的基础上又变化出新的类型：袖子膨大，增加填充物使胸部、肩部膨大。吾普朗多原是长度抵地的筒形衣，由于受普尔波万的影响而逐渐缩短，并与裤子配了起来。但其基本特点——宽松的袖子和衣身——仍然被保留着，另一个特点是领子很高，可以遮盖到耳朵附近。衣料是有花纹的缎子和当时流行的小四方格图案的毛织物，以及左右异色的、从左肩到右襟异色的织物。此外，还有两个裤腿颜色各异的紧身裤、饰以不对称纹章的上衣等，装饰种类繁多。以现今的眼光看，这些会给人以怪诞的感觉。从 15 世纪晚期开始，筒形衣完全退出了男装的主流，成为女装的专用形式。

图 9 哥特式时期的女帽

五　服饰品及形象

1 发型与头饰

此时期帽子的样式丰富多彩，以“艾斯科菲斯帽”（Escoiffes）和“汉宁帽”为典型（见图 9）。艾斯科菲斯帽是对装饰着花边织物但造型不相同的帽子的统称。带有花边的薄纱或细布从帽子向面部和肩部四处落下，在脸的周围形成了美丽的褶皱和飘忽不定的阴影，使女人的面庞在其衬托下更为妩媚动人。汉宁帽则与哥特式建筑的塔尖基于同一种思想和审美观。

2 鞋子

与哥特式建筑的尖塔造型相呼应的是男女皆穿的软皮革的秀气尖头鞋“波兰那”（Poulaine）。它以其尖为美，以其长度为高贵，这和又长又尖的山羊胡子、汉宁帽一样，都是基督教精神在服饰上的反映。

3 珠宝与饰物

14 世纪至 15 世纪的哥特式时期，男女都盛行在脖子或皮带上挂各种奇形怪状的小银铃。女子的金、银、宝石项链、手镯和戒指引人注目，无指手套、带象牙柄或金柄的小扇子也成为妇女的必备品。男子则盛行使用手杖。

思考题

1．中世纪服饰有哪几个阶段?

2．中世纪哥特式时期女装的最主要特征是什么?

第三章

CHAPTER 3 文艺复兴时期服饰

本章主要内容：文艺复兴开始于意大利，这一文化运动于15世纪后半期扩及欧洲许多国家，于16世纪达到高潮。随着禁欲主义的衰落，人文主义又复兴了，在服饰上体现为：男子服饰强调上体的宽大魁梧和下体的瘦劲，构成箱形造型；女子服饰强调细腰丰臀，形成倒扣的钟式造型，同时，出现了宽大的袒胸低领口（见图1），并不再羞羞答答用饰布遮住。这种两性服装截然不同的特征一直影响西方服饰近500年的发展。

建议学时数：3

第一节　意大利风格时期服饰（1450年至1510年）

一　时代背景

意大利是文艺复兴的发祥地，早在14世纪就开始了文艺复兴运动。正当哥特式服装在西欧各国盛行期间，佛罗伦萨的艺术家们就开始研究古罗马艺术，开创了注重人性的新艺术。意大利服饰完全没有受哥特式风格的影响，也就是说，意大利的服饰仍更多地延续自身的传统文化，至文艺复兴时期，更是蓬勃发展并影响了整个欧洲。设计师从宫殿建筑的圆拱形顶、矩形门窗以及水平线上获得灵感，设计了与西欧各国完全不同的服装款式，这些服装具有开放、明朗、优雅的风格。但是，意大利已不再流行丝织品，而是崇尚金银线交织品。男子服饰通常采用天鹅绒，而且尽可能地变宽。

二　典型服饰

意大利服饰风格的特色是从面料开始的。15世纪意大利的威尼斯、佛罗伦萨、米兰等城市都有高度发达的织物工厂，大量生产天鹅绒、织锦缎以及交织金银丝线的织金锦等华贵的面料。这些精美的面料本身就具有相当高的视觉欣赏价值，人们制作服装时也尽量展开面料，出现宽大平坦的平面（见图2）。

意大利服饰风格的另一个特点是：各个局部都可以露出白色亚麻内衣。一方面是由于精美的亚麻织物本身的魅力和配色审美上的需要；另一方面，用厚质的织锦缎等面料做出合体衣服时，亚麻内衣也解决了人体运动机能的问题，即在外衣肩部、肘部留出缝隙，用绳或细带连接各个局部，内衣即从缝隙处露出，形成一种装饰。这与后来德国风格时期服装上出现的裂口装饰在形态上十分相似。人们根据人体结构分解，设计了可以拆卸的袖子，袖子从此开始独立裁剪、独立制作。

三　女子服饰

女子的典型服饰为“罗布”（Robe），是在腰部有接缝的连衣裙。罗布领口开得很大，有方领、“V”字领（见图3）和一字领，胸口袒露得很多，高腰身，裙摆拖地，袖子有紧身筒袖和一段段扎起来的莲藕袖，上臂和肘部有许多裂口，露出里面白色的“修米兹”（Shirt，衬衫）。女子的外衣是有华丽刺绣的曼

图 1 低领是当时的流行元素

图 2 肩部裂口的一字领罗布

图 3 “V”字领的罗布

图 4 意大利风格时期的乔品

特尔，色彩明快、腰身很高。袖子一般是作为装饰的垂袖披在身上，也可以摘下替换颜色。

意大利文艺复兴的早期还较多保留着袍的痕迹，至中后期，上衣和下裙有了明显的界线。虽然上衣和裙子仍然连在一起，但是裁剪上已经上下分离，体现出把整件衣服分成若干个组成部分的基本构想，这也是后来女装外形变化丰富、裁剪多样的前提。

四 男子服饰

男子的典型服饰是紧身衣“道伯利特”（Doublet）、内衣“修米兹”和外衣“杰肯”（Jerkin）的组合。修米兹的衣袖很肥大，在袖腕部打褶，多用白色亚麻布制成。道伯利特是贴着修米兹穿的，它可以不加外套而被单独穿着，常常有袖子，但袖子不是很大，而且可以自由拆装。装袖时将细带系在袖孔上，露出衬衣，形成一种装饰。衣长及臀底，系腰带，领子有圆领、鸡心领和立领。杰肯通常为无袖，前身开襟，从前面露出道伯利特。

文艺复兴时期，意大利服饰的颈部变化很大，也是最具特色的部位。衬衣常常高出外衣领，沿颈底部围一圈，并在顶部形成一个小小的衣褶。另一种款式就是翻领。这两种领饰同时存在，而翻领流行的时间更长一些，因为轮状皱领既费工，又昂贵，戴起来也不方便、舒适。

意大利风格时期，男子腿部装束分为两部分：短裤和筒袜。短裤结合长筒袜是当时的特色。

五 服饰品及形象

1 发型与头饰

男女都戴一种无檐帽，女帽较男帽装饰多一些。女子的整体造型重点在下半身，头饰与之呼应，小巧玲珑。头发向后梳或中分，颈后挽髻，露出宽宽的额头。当时时兴在头上束缎带，并在缎带的正前方装饰一颗珍珠。金色假发最为时髦，染金发也很盛行。耳环已成为普遍的装饰物，化妆一直到脖子和胸口，脸上贴黑痣，喷香水，手绢、扇子、洒有香水的手套都是必备的。

2 鞋子

由于裙子越来越肥大，为了在视觉上取得比例上的协调，威尼斯开始流行穿高跟鞋，即“乔品”（Chopin）（见图 4）。乔品的底是木制的，鞋面为皮革或漆皮，一般呈无后踵的拖鞋状。因人们将其穿在大裙子里面，所以鞋面上的装饰并不多。鞋底的高度一般达 20 厘米～ 25 厘米，最高可达到 30 厘米。

第二节　德意志风格时期服饰（1510 年至 1550 年）

一　典型服饰

德意志风格的主要特色是“斯拉修”（Slash）。斯拉修是裂口、剪口的意思，这是一种来自军队的装饰。当时欧洲战争频繁，常年作战的雇佣兵衣服磨损得十分严重，他们只好临时用一些碎布封堵在衣服的破口上。战争结束后，为了表示对士兵的敬意，人们开始模仿士兵的举止，并把衣裤剪开口子，将里面的衣服显露出来，在外衣的肩、胸、袖、背、裤腿开口处不加缝合，用纽扣或丝带系结，露出不同质地和色泽的内衣，还在裂口两端缀有各色珠宝、珍珠，产生极强的装饰效果（见图 5）。这种开缝最初是从实用功能出发的，后来变成一种装饰，进而演变成异样的夸张，有横向的、竖向的和斜向的，极盛时期连裤子、鞋、帽子等上面都有这种装饰。斯拉修首先在德国发展和流行起来，并且很快传遍欧洲各国，成为文艺复兴时期男女服装中很具有时代特色的一种装饰。

二　女子服饰

德意志风格初期的女子服饰为模仿意大利风格的女装，主要特征是提高了腰线，在上衣和下裙的连接处形成一道横线，没有腰带束腰，但有斯拉修作为装饰。上衣领口多为方形低领，裸露的脖子和胸口装饰着叫作“科拉”（Koller）的带立领的小披肩。16 世纪中叶，款式出现了较为明显的变化，领口逐渐缩小，变成高领，并增加了细密的褶饰。最初的袖子很大，随着领口变小，袖子相应地变瘦，也有斯拉修的装饰。

女子的服装仍把重心放在下体部，窄肩、细腰、丰臀、大裙摆，与细腰相比，腹部尤其宽大。裙子用色彩各异的厚质面料做成，镶有宽宽的刺绣花边或丝绒边。女子为了使裙子膨大，常在里面穿好多层亚麻布内裙。

三　男子服饰

在德意志风格的男子服饰中，上衣被改称为道伯利特，上身的基本造型和前一时期大致相同。立领很高，内衣领也很高，有细小的褶饰，这是后来大褶饰的先兆。当时，男子在道伯利特外面穿无袖背心式紧身衣“杰肯”（见图 6），最外面穿的是“夏吾贝”（Schaube），这是当时男子的主要外出服饰，衣长及膝或及踝，分有无袖和有袖两种，经常在领面、袖口和下摆处饰有裘皮。

男子下半身服装有所改变，男子在紧身筒袜外穿上了膨起来的短裤“布里齐兹”（Breeches）（见图 7）。这是 16 世纪欧洲男子普遍穿着的半截裤子，有两种款式：一种造型较肥大，类似南瓜的形状，表面用不同面料拼接，产生凹凸的条纹；另一种是造型较为紧瘦长的及膝紧身裤。布里齐兹中间用一块被称为“科多佩斯”（Codpiece）的布饰来遮挡住裆部，而且还大肆加以渲染和夸张，把科多佩斯做成一个小口袋挂在两腿的中间，也采用斯拉修的装饰，露出里面的白丝绸，后来还在上面绣上精美的花纹作为装饰。

图 5 德意志风格时期的斯拉修

图 6 德意志风格时期男子的杰肯和带有立领的道伯利特

图 7 肥大的布里齐兹和背心

图 8 强调横宽的服装在当时很流行

这一时期，人们的装束更加注重衣服彼此之间的内外对比和上下对比的效果。男子上衣强调横宽，到达了极点（见图 8）。英国国王亨利八世所穿的宽大的衣服引导了时装的潮流。但到后期，宽度又逐渐恢复了正常，衣服的样式变成更加符合身体自然外形的款式。

四 服饰品及形象

男女均戴宽檐大帽，上面装饰着珠宝和动物的羽毛。富人和贵族们此时佩戴大量的珠宝首饰，并腰佩匕首和短剑，女子也常佩小匕首和装饰带。男女都戴好几款戒指和项链。但德国女人很少用化妆品，也不喜欢用香水。这时的鞋头呈方形，正好与哥特式时期的风格相反，鞋头向横宽发展，比脚的实际宽度宽得多，也有斯拉修作为装饰。

第三节 西班牙风格时期服饰（1550 年至 1620 年）

一 时代背景

哥伦布发现的新大陆和麦哲伦的新航线使欧洲的商路、贸易中心从地中海区域移至大西洋沿岸，给西班牙王国带来了巨大的财富，同时也带来了经济文化的强盛，从此，西班牙在欧洲占有了重要的一席之地，并在文艺复兴后期成为欧洲文化的中心。

西班牙国王强制性地向欧洲各国推行西班牙服装，企图使欧洲具有相对统一的风格，因此，法国、英国、德国都受其影响，在服装上与西班牙有许多相像之处。男装的明显特征是轮状皱领和衬垫填充物，女装则突出表现为紧身胸衣和裙撑的使用。这种上为紧身胸衣、下为裙撑的组合方式影响了欧洲日后近 400 年的女装样式。

二 典型服饰

西班牙服装的外观特征是威严、正统，沉着的单色，特别是黑色，洋溢着天主教的神秘主义和禁欲色彩。其典型服饰表现于三个阶段，这一时期也被称为“填充式时代”（Bombast Style）。

1 拉夫领（Ruff）

高立领上装饰的白色褶皱花边，是男女服饰中出现的独立制作、独立使用的褶饰领，从 16 世纪一直流行到 17 世纪，是文艺复兴时期独具特色的服饰配件。

拉夫领呈环状套在脖子上，其波浪形褶皱是一种呈“8”字形的连续褶裥。随着流行趋势，其形状越来越大。这种领饰的制作技术难度相当大，需 3 米~ 4 米白色或染成浅黄、浅绿、浅蓝等浅色的细亚麻布，将之裁制并上浆，使布料变得硬挺，以便成形。拉夫领过于宽大时，为了保持不变形、不耷拉，领底还被用金属丝做的撑圈托着。拉夫领又厚又硬，围在脖子上会使头部活动不便，因此贵族们吃饭时还要使用特制的长柄勺。所以后来在下颌处空出一个三角形的拉夫领出现了。16 世纪中叶以后，拉夫领在欧洲最为流行。

2 填充衬垫（Pad）的膨体衣裙

早在中世纪，男子上衣吾普朗多已经采用了填充物，使衣服的肩胸鼓起，让男子的上身显得挺阔威严。到了文艺复兴时期，人们则更重视并扩大了衬垫的作用，使着衣男子从肩部到大腿处都鼓胀饱满，形成四四方方的造型，特别夸张了男子形体的宽阔雄伟。而其下身则穿着紧瘦长袜，上下对比，构成上重下轻的男服格局。与此相对应的是，女子用衬垫填充或撑起臀腹部，使裙子在紧束的纤腰下突然鼓胀起来，构成上轻下重的女服格局，并在柔美秀丽中见出气派，与男子形象互为辉映（见图 9）。

3 苛尔 – 佩凯（Corps Pique）

苛尔 – 佩凯是一种女子的紧身胸衣，与下半身的膨大形成对比，反映了当时人们的审美特点与偏好（见图 10）。

4 法勤盖尔（Forthingale）

法勤盖尔是当时流行的一种裙撑，一直沿用到 19 世纪末。

三 女子服饰

1 女子拉夫领

当拉夫领在法国出现后，它立即受到英国女皇伊丽莎白的青睐——它可以被用来掩饰她那特别细瘦的脖子。于是贵妇们争相仿效，而时髦的女性仍然保持意大利风格的低敞领样式，但用轻薄透明的面料遮住肩胸，并和脖子处的拉夫领连接起来，形成一种特殊风格的领饰（见图 11）。

此外，在伊丽莎白一世时期还盛行“伊丽莎白领”，这种拉夫领不是圆盘式的，而是向左右打开并在颈后竖直立起，具有很强的装饰感，像一把打开的精美小折扇。

2 紧身胸衣

早在 13 世纪，人们就开始强调女性细腰之美，但紧身胸衣的真正使用是在 16 世纪后半叶。这时，紧身衣有了固定的形制和做法，并在欧洲迅速流行起来。从此，纤细的腰身成了表现女性性感特征的重要因素。女子在上身使用紧身胸衣“巴斯克尼”（Basquine，嵌有鲸须的无袖紧身衣）来整形，腰被勒得很细，胸也被包在那平整的倒三角形里面。1577 年前后，一种被称为“苛尔 – 佩凯”的紧身胸衣出现了。人们将用多片麻布衲在一起，中间还常加薄衬，为了达到一定的硬度和牢度，还在紧要部位安插柔韧并富有撑力的鲸须，在腹部用金属或木材制作，在前身或后身开口，用排列的绳带或扣钩系紧。

紧身衣在当时已经成为脱离一般服装而独立存在的特制部件，分为硬制和软制两种用料。硬制的胸衣用金属（钢或铁）制作，按女性身体造型分铸成四片网格框架组合而成。接缝处有金属扣钩以便穿脱。可以想象，这些坚硬、紧瘦的胸衣给女性娇嫩的皮肉带来了多少痛苦，所以，人们后来进行改良，用软制的布料合体裁剪，使之有束缚力。据记载，英国女皇伊丽莎白虽然长得不好看，但身材极瘦，故极力

图 9 西班牙风格时期的女装

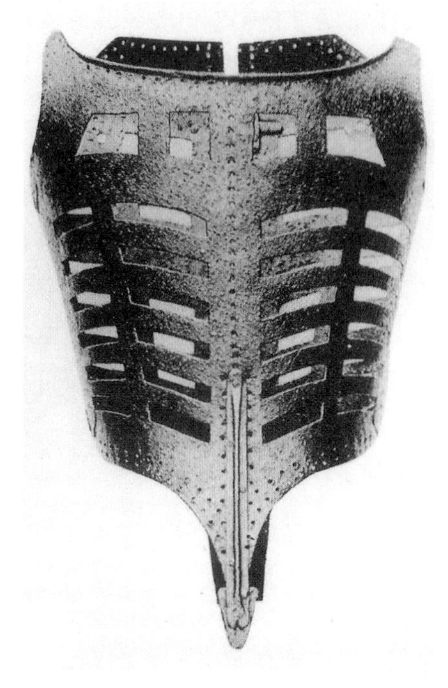

图 10 铁质紧身胸衣

图 11 精美装饰的拉夫领和斯拉修

倡导束腰，她自己曾特制了腰围只有 13 英寸（33 厘米）的紧身衣。她还规定，只有腰围在 13 英寸以下的妇女才能踏进宫廷。一时间，英国女性都不顾自己的体重减肥，纷纷效仿女皇紧束腰身。

3 法勤盖尔

此时的法勤盖尔裙撑有三种样式。

（1）西班牙式——吊钟形裙撑，用逐渐增大的鲸须圈或金属丝圈缝制在厚质亚麻布衬裙上，从下摆至腰部收缩排列成圆锥形，然后在外面罩上面料成为裙子。这种吊钟形裙撑在 16 世纪后期风靡了整个欧洲，受到法国、英国宫廷妇女的喜爱。

（2）法国式——像轮子一样的环形填充物，围绕在腰以下的臀腹部，两个顶端用袋子系结，使之固定，外裙罩在上面被撑起而显得圆满。较之另两种裙撑，它更便于人的活动，女子在骑马时更多使用法国式裙撑（见图 12）。

（3）英国式——与西班牙式结构近似，但造型上部不是圆锥形，而是椭圆筒形，把裙子向左右两边撑开，左右宽，前后扁。裙子在腰臀部出现两层，上面一层从腰部向四周捏出很多规则的活褶（见图 13）。

女性喜欢在裙撑的外面穿着多层衣裙，既保暖又增添了层次美感。外裙在不同部位开衩，使内裙显露出来。一般在前方开衩的款式较多，其在腰部以下敞开，形成“A”字形敞裙，另外还有在后边或在左右开衩的。有些外裙是和外衣连裁的，前襟处从肩部到裙下摆都敞开，不仅露出下裙，而且露出上面的紧身胸衣罩。裙撑的大量使用和多层裙装的穿着时尚，使文艺复兴后期女子上衣与裙子开始分开被裁剪与制作，这就奠定了女子衣装的两段式。

图 12 法国式裙撑

图 13 英国式裙撑

四 男子服饰

西班牙风格时期男子服饰最大特点之一就是大量使用填充物。除了胸部和腹部被塞进填充物，袖子里也被塞入填充物使之鼓起，并出现了三种造型：一种是“帕夫斯”袖（Puff Sleeve，泡泡袖），在袖山部位塞入填充物使之膨胀，上臂和前臂都很合体；另一种是“基哥袖”（Gigot Sleeve，羊腿袖），袖山很肥大，从袖根到袖口逐渐变细，因其形状酷似羊后腿而得名；还有一种是“比拉哥袖”（Virago Sleeve），是在意大利时期就出现的莲藕状袖子。

五 服饰品及形象

这个时期，男子头发长短适中，有时留短小胡子和络腮胡子。女子烫卷发，流行梳圣母发型，普遍使用化妆品和香水。男女的鞋在这个时期变化较多，哥特式时期的尖头鞋被彻底淘汰，鞋头变成宽肥的方头、小方头和圆尖形。16 世纪后半叶，高跟鞋取代了女子的高底鞋“乔品”。掩饰体臭的香水被广泛运用，各种化妆品制造业也蓬勃兴起。

思考题

1．文艺复兴时期男女服饰各有哪些特点?

2．试列举出文艺复兴西班牙风格时期女装的主要特征。

第四章

CHAPTER 4
巴洛克时期服饰

本章主要内容：巴洛克艺术早在文艺复兴运动末期就产生于意大利，进入风云变幻的17世纪，克服了16世纪后期消极影响的巴洛克，成为天主教争取信徒的工具。

在服装史上，“巴洛克风格”一词是指代17世纪欧洲的服装款式。巴洛克代表了路易十四富丽堂皇的精神特质，它的生气勃勃、色彩艳丽、线条优美、富丽豪华的风格，使其在意大利、法国、西班牙等国的宫廷贵族中得到大力提倡。这一时期服装上最大的特色是强调繁多的装饰，大量使用华丽的纽扣、缠绕的丝带和蝴蝶结、花纹围绕的边饰等。女性服装摆脱束缚，自由随意；男性服装则崇尚自然和优雅。花边、香水、高跟鞋、手套、手袋、领带、领结等各种新鲜时尚纷至沓来，烘托出巴洛克时期的繁荣与精致。巴洛克服装的发展经历了两个历史阶段，即荷兰风时代和法国风时代。

建议学时数：3

第一节　荷兰风时代服饰（1620年至1650年）

一　时代背景

16世纪末，荷兰共和国诞生后，工业、经济迅速发展。17世纪，荷兰的呢绒业、麻织业、瓷器业、造船业和渔业十分发达，在国际上享有盛誉。先后成立的东印度公司和西印度公司，使荷兰的经济达到顶点。17世纪荷兰的文化艺术也空前繁荣，作为独立的新兴资产阶级国家，荷兰吸引了欧洲许多进步思想家和学者来自由传播各种政治见解和新思想，当时的荷兰还是欧洲印刷业和出版业的中心。

在这样的背景下，荷兰的服饰业也得到了空前发展，它使自由活跃的设计风格传遍欧洲。荷兰风样式的服装把西班牙风格时期分解的衣服部件组合起来，从僵硬向柔和、从锐角向钝角、从紧缚向宽松方向变化（见图1）。这个时代男子流行留长发（Longlook），流行在服装上大量采用蕾丝（Lace）和穿戴皮革制品（Leather），因此，荷兰风时代也被称为“三L”时代。

二　女子服饰

荷兰风时代的女装不再过于夸张，去掉了一些笨拙的填充物，腰线上移，摆脱了西班牙风格的僵硬感。衣服和裙子大多松垂而多褶，外形线条变得平缓、柔和、浑圆。女子的形象使人耳目一新，自然而浪漫（见图2）。

妇女们从这个时候开始不用紧身裙撑，常套穿肥大多褶的裙子而使下体显得膨大臃肿，有时有三层套穿，而且内侧的裙子比外侧裙子的色彩明度高，很少使用织锦缎等厚织物，特别是外侧的裙子。女子为了便于提裙子，多喜好用薄织物，还常配以鲜艳的里料。上衣部分仍采用紧身衣，但比过去要松软些，紧身处限于乳房以下。领子要么是齐脖子的花边大领，要么完全袒露到胸口，也有方形的披肩领。

袖子仍是女装造型的重点，上大下小一节节地箍起来，或宽袖或半袖，袖的上半截常有裂口装饰，而下半截多为一层层的装饰花边，袖口处露出里面的白色衬衣。许多妇女在外面加一件上衣，这种上衣

图 1 荷兰风时期的男女服饰

图 2 身穿荷兰风女装的丰满圆润的女子

图 3 荷兰风时期男子穿着的普尔波万

图 4 头戴“墨西哥帽”的男士

舒适、宽松、长短不等，袖子有七分臂长或仅盖住肘部，黑丝绒镶白兔皮是当时这种衣服最常用的材料。

三 男子服饰

男装摆脱了文艺复兴时期过于膨胀臃肿的填充物和衬垫，衣服变得柔软。荷兰风时代的男装比起样式僵硬的西班牙风格男装，显得更具有功能性，更干练。大量蕾丝和花边作为装饰出现在领子、袖子和裤口处，代替了文艺复兴时期的金、银、珠宝（见图 3）。

17 世纪的欧洲战争频繁，历时半个世纪的荷兰独立战争和欧洲 30 年的新旧教派的战争，使大部分男子走向战场，所以骑士服装普遍流行。到了 17 世纪三四十年代，荷兰的男装整体造型变得宽松，衣服变长，盖住臀部，肩线倾斜度很大，以溜肩代之。男子上衣的腰线有所提高并更多地出现了收腰，腰带多以饰带的形式出现。服装左右两襟的胸前和两袖的上臂处都有很长的竖直切口“斯拉修”。外衣的排扣有所增多，形成既具功能性又具装饰效果的表现手法。

男装的领子尽管仍是高领，但车轮状的拉夫领变成了大翻领或平铺在肩的平领和披肩领，这种领子叫作“拉巴领”（Rabat），通过在领口收省来造型。与拉巴领相呼应的是雪白的蕾丝，装饰在漏斗状的袖克夫上，这种袖克夫越来越宽，最宽可达 15 厘米。

1630 年出现了细腿的半截裤，用缎带或吊袜带扎口，装饰有蝴蝶结，以往臀部与大腿部分膨起的填充物被取消，虽然还比较宽松，但相对于文艺复兴时期的西班牙式裤装已明显变瘦。到 1640 年，长及腿肚的筒形长裤出现了，这是西方服装史上出现得最早的长裤，一般在膝盖下有边饰。这时男子还流行穿水桶形的长筒靴，这种长筒靴靴口很大，也饰有蕾丝花边，向外翻或口朝上，富有装饰性。

四 服饰品及形象

这一时期男子流行披肩发，后来又时兴戴假发，正如许多油画上所绘，男子把胡须修剪成尖状，留得多少不一；女性基本发式是自然形态，不再梳高耸的发型，额头前梳着刘海，耳鬓是蓬松卷发，并卷成一绺一绺，显得活泼而富有青春气息。

男女都戴用呢绒或毡制作的浅顶软帽，帽檐宽大而向上翻卷，并插有长而柔软的鸵鸟毛。这种帽子可能是荷兰人仿造从墨西哥传来的巴拿马草帽的样式制作的，故被称作“墨西哥帽”（见图 4）。

这时候，骑士们多穿长靴或鞋身细瘦的方头浅帮皮鞋，女人们穿鞋帮深浅不同的高跟皮鞋。男女鞋跟都流行红色，而红色鞋跟也被认为是贵族的标志。

男性走路时常拿着一根细长的文明棍，既时尚又实用；女性喜欢拿各种精美的羽毛或绢制扇子，很少佩戴首饰。

第二节　法国风时代服饰（1650 年至 1715 年）

一　时代背景

17 世纪中叶，荷兰渐渐失去了欧洲商业中心的地位，取而代之的是在波旁王朝专制统治下兴盛起来的法国。法国在 30 年战争期间获得了更多的休整机会，经济更加繁荣，服装业也在 17 世纪后半叶取得了欧洲领先地位。路易十四亲政后，法国在政治、经济、军事上取得了长足发展。同时，路易十四大兴土木修造凡尔赛宫，鼓励艺术创作。他指导人们如何吃、穿、住，装有巴黎最新时装的"潘多拉盒子"每月从巴黎运往各大城市，发挥着传播时尚信息的作用，使法国成为新的世界中心。巴黎成为欧洲乃至世界时装的发源地。

二　女子服饰

17 世纪法国风女装的特点是使用大量的褶皱、花边、缎带、刺绣，进行多样的装饰，外形上强调和夸张女性的自然曲线，表现流动的衣褶和变化丰富的线条（见图 5）。

女子服装仍然强调纤腰翘臀，所以又流行紧身胸衣，外面套细瘦的无袖短外衣，腰部呈"V"字形收紧。袒胸的领口挖深加宽，几乎露出胸部以上的全部。领口边缘用各种丝绸花结和褶皱做边饰，与袖口的花边配套。紧身胸衣的胸部嵌入许多鲸须，保持挺括。颈部的装饰十分复杂，从外至内会出现三层领口，如方形领口、鸡心形领口和翻出的领面。

在紧身短外衣里面有质地柔软、款式肥大的衬衫。衬衫袖子有长有短，袖口处都镶着大量花边，边饰长短不齐，凌乱而活泼。肥大的袖身常被系结分割成很多段，形成多层灯笼袖，每段都镶嵌花边或饰带圈，非常华丽。

女子外出或骑马时，披着长而宽大的暗色斗篷，或穿上细腰身、喇叭裙式下摆、长至腰部、与男式长大衣相似的短外套。这种短外套袖口宽大，通常有纵向切口，露出里面的衬衫袖子，下襟口袋里插绣花手帕。

法国风时代的女裙仍然时兴膨大的款式，不过不是用支架撑起来，而是穿多层在腰间打褶的肥大裙子，这些褶使腰部以下膨大起来。最外层的裙子从中间开衩向外翻，因为颜色和面料的差别，和里面的衬裙在腰间产生漂亮的对照；有时外裙还用花结或是扣子系起来，像窗帘那样，提起的地方吊着垂褶，非常气派；有时甚至把外裙两襟向后翻，在臀部打结，使后臀堆满褶裥，突出女性魅力。这种做法在后来得到大力提倡，被称为"巴斯尔样式"（Bustle Style）。外裙颜色一般比衬裙深，衬裙有大量刺绣和手绣花朵图案。路易十四时期的花饰，大多为代表巴洛克风格的大团花饰和果实图案；路易十五时期为过渡时期，图案较小；而路易十六时期已经到了洛可可时期，时兴的花样都是小碎花。

三　男子服饰

法国风兴起以后，男子衬衫更加趋向华丽，成为构成法国风男装的重要部分。衬衫十分肥大，多用白色或浅色的柔软丝绸制作而成。腰间和袖子上多用饰带系结，形成多层的灯笼袖，产生的细碎褶裥更

图 5 法国风时代的浪漫女装

图 6 穿着华丽的法国风长外套的男子

加繁复，产生了自然生动、流闪不定的效果。袖口和领边有大量的花边，更添华丽。衬衣的布料多为色调平淡的亚麻布。

巴洛克风格达到顶峰时，出现了一种前所未见的短上衣。衣襟短到肋下，衣襟前整排的扣子只扣上一半，下面敞开。袖子是短袖或半截袖，里面华美的衬衫从腰腹部和短袖处露出来。因此，上衣后来越做越短，继而形成了连袖子也没有的短小的坎肩，而且没有领子。路易十四中期，这种上衣向现代西服背心发展。

17 世纪 60 年代的长外套，袖子较短，露出衬衫的半截袖，比较随便，有时更适合在室内穿着，腰身呈直线型，较瘦，在背后下摆中缝处有开衩。17 世纪后期出现的一种更正规、更合体的长外套“贾斯特克”（Justaucorps）（见图 6），长袖，袖口宽大有大翻折，腰身剪裁成合体的曲线，下摆宽肥呈喇叭形，在衣身两侧下摆处有多个集中在一起的褶裥，向边缘处像扇子般散开。衣服背后的中缝下摆处有开衩，便于男子骑马。大衣的两片前衣身下襟处各有一个大口袋，口袋位置较低，使整个服装重心下移。前门襟处饰有丝绸纽扣。大衣面料常用天鹅绒和织锦缎，饰有金银线刺绣。人们在着装时不扣或者偶尔扣一两粒扣子，扣子变成了一种装饰。

到了 1630 年，有垫衬的瓜形裤不再流行，男子们穿着松紧适当、长至膝盖以下的马裤。马裤在膝盖处包住袜子，用系带扎住。17 世纪中叶出现了一种类似于裙裤的半截裤，裤子是半截的，刚好过膝，裤腰处有很多碎褶。人们有时在裤口外侧钉上一排三个扣子，便于穿脱，有时还在腰间围上围裙。裤腰前腹部、裤腿两侧和裤口边缘，都镶有绸缎花结和饰带圈，这种装饰极具立体感和层次感，一时间成为时代的风尚，遍布于人们的日常生活中。1690 年以后，时髦的人都穿灯笼裤。

四　服饰品及形象

1 男子形象

17 世纪末，男装中出现了围巾领饰，用长 1 米~ 2 米、宽 30 厘米以上的丝绸缠绕脖子两周后打结。打结的方式不同，形成的装饰效果各异。

这个时代男子的最大特色就是戴假发，并在假发上撒上大量的香粉和金粉。许多富裕而时尚的欧洲男子都到假发制作技术最好的法国购买假发，有人甚至为了佩戴假发套而剃光真发。假发在造型上越来越趋向庞大，有的从中间两侧梳成两个高的山形，然后垂至肩膀。假发全部被做成十分精致的卷曲状，象征高贵。

17 世纪末，男子们戴上一种帽檐向上翻卷的三角帽，上面装饰有金银纽扣、羽毛或饰带等，增添不少浪漫潇洒的风采。他们还把一块细布打褶围在脖子上，用花边缎带扣住作为领饰。 鞋子一般是方头，鞋跟很高，晚期的时候出现了鞋扣。此外，带踢马刺的靴子和佩剑也成了时髦。

2 女子形象

这个时代后期，在法国出现了一种奇特的女式高发髻发型，被称作“芳丹鸠”（Fontagnge），形状有 20 多种。设计华美的“芳丹鸠”头饰上还有很多宝石和珍珠。另外，这时开始流行在脸上和胸部贴黑天鹅绒和黑色丝绸制作的美人痣。

法国风时代，女子鞋头很尖，鞋跟也较高。由于女子前臂裸露，齐肘长的手套应运而生。此外，法国还流行金花边的扇子、中国式女用阳伞、名目繁多的化妆品、戒指、耳环、胸针、金项链。 贵妇人盛行使用穿着漂亮、举止高雅的侍童，有的贵族子弟为了学习上流社会的礼仪，也会做短期的侍童。

思考题

1. 巴洛克艺术风格在服装中的具体表现有哪些?

2. “三 L” 的含义是什么?

3. 巴洛克风格对于当代服装设计有哪些借鉴意义?

第五章 CHAPTER 5
18世纪服饰

本章主要内容：18 世纪，欧洲乃至世界进入了崭新的时代。英国工业革命的主要成就是生产机器和动力机器的发明，飞梭、水力纺纱和织布机在纺织行业中的使用，大大提高了纺织的效率，为欧洲走向现代工业社会奠定了基础。在法国，沙龙文化在贵族和新兴资产阶级的社交生活中产生和形成，并孕育了洛可可艺术的社会基础。启蒙运动和法国大革命的爆发，又促进了新古典主义的产生和发展。英、法两国在经济、文化艺术和服饰风格等方面各自发挥着影响力，扩展至全欧洲。

18 世纪欧洲的服装，主要分为洛可可时期服饰和新古典主义时期服饰两个历史阶段。从夸张的裙撑、打褶的花边、繁复的装饰，到低领的衬裙、印花布料、紧身内衣、时装杂志等，洛可可风格使时装达到了一个辉煌时代。法国大革命更使巴黎时装名声日盛，但最后，正是革命摧毁了这个时装的黄金时代。新古典主义艺术为 18 世纪末期的服装带来一股清新之风，它一反洛可可的豪华重饰，转而追求简洁朴素、健康自然的古希腊、古罗马的服饰风范。

建议学时数：4

第一节　洛可可时期服饰（1715 年至 1789 年）

一　时代背景

18 世纪初，欧洲又燃起战火，几乎每一个西欧国家都卷入了争夺王位继承权的西班牙内战，推动着各国社会结构发生深刻变化。西欧各国资本主义势力逐渐增强，新兴的城市中产阶级和资产阶级开始成为主力军。

法国在艺术、文化和时装领域仍是西欧的中心，在巴黎的上流社会，资产阶级“沙龙文化”盛行，知识分子以及上流阶层人士举行沙龙，讨论各种文学、艺术、哲学和政治问题。沙龙中的人们只追求现世的幸福和享乐，注重发展生活的外部要素，巴洛克那拘泥虚礼的宫廷文化不再能满足他们异常敏锐和高雅的需求，这就促进了讲求奢华的洛可可文化的形成（见图 1）。

洛可可（Rococo）一词源于法语“Rocaille”，是“岩石”的复合词。作为艺术风格，它以岩石和贝壳纹样曲线装饰为特色，它把巴洛克与中国工艺装饰趣味结合起来，运用多个“C”形、“S”形和涡卷状曲线纹样组成一种华丽雕琢、纤巧繁琐的艺术样式。洛可可艺术在构图上打破了文艺复兴以来的对称模式原则，同时采用色调柔和、高明度、低纯度的粉彩色系，崇尚自然。巴洛克生动、庄重和男性力量感的风格为游戏般情调的、纤柔淡雅的女性风格所取代。

洛可可风格的服装是以女性为中心、以沙龙为舞台展开的优雅样式。在服装史上，洛可可样式一般指 1715 年至 1789 年这一历史阶段的服装样式。这时西欧各国陆续出版发行了新的时装杂志，逐渐取代了过去的“潘多拉盒子”（见图 2）。法国的时装杂志使大众对时尚变得更敏感，人们的着装紧跟着巴黎服装的步伐。

图 1 讲求奢华的法国沙龙服饰文化

图 2 承载巴黎流行信息的“潘多拉”玩偶

图 3 穿着方便的“华托服”

图 4 路易十五时期用到“双巴尼尔”裙撑的裙子

二 女子服饰

洛可可样式集中表现在女装上。这个时代，女性是沙龙的中心。为了博得男性的青睐，她们挖空心思装扮自己，这种努力主要表现在用紧身胸衣勒细腰部以及用裙撑增大下半身体积，以及众多的装饰和淡雅的着色。这个时期的服饰美的本质，就是用这种夸张的外形强调女性肉体的吸引力和美感，其形态演变分三个阶段。

1 奥尔良公爵摄政时期（1715 年至 1730 年）

这是从巴洛克向洛可可的过渡期。这时的人们追求人生的欢乐，喜好轻快的衣裳，流行使用中国的色彩和中国出产的丝绸。源于画家华托极富魅力的作品并以其名字命名的长袍 “华托服”是洛可可初期的主要样式。它是穿在紧身胸衣和衬裙外的一种宽松长袍，其特点是从后颈处向下做出一排整齐规律的褶裥，向长垂拖地的裙摆处散开，背后的裙裾蓬松，走路时徐徐飘动，所以又被称作“飘逸的长袍”（Robe Volante）。华托服很少用琐碎装饰，面料选用图案华美的织锦或素色绸缎（见图 3）。

裙子逐步由圆锥形发展成半圆形，分为两层，外罩袍时常敞开露出内裙。一百多年前的裙撑又一次出现，这时的裙撑叫作“巴尼尔”（Panier），用鲸须、金属丝、藤条或较轻的木料和亚麻布制作而成。

2 路易十五时期（1730 年至 1770 年）

洛可可风在这一时期达到鼎盛，女装的最大特征是裙撑越来越大。1740 年以后，裙撑逐渐变成前后扁平、左右横宽的椭圆形。1750 年左右，“双巴尼尔”裙撑（Panier Double）（见图 4）出现了，其周长可长达 5.5 米，分为左右两个，中间用绳子或带子系在身上，使行走相对方便很多。1770 年，两边带有合页装置的铁制裙撑出现了，两侧的铁架子可以自由开合，必要时向上收拢变窄，而后又放开变宽。

紧身胸衣和裙撑是一对孪生姐妹。到 18 世纪中期，紧身胸衣的制作技术更加进步，其妙处在于嵌入鲸须的数量和方向。这时的胸衣中被插入许多条鲸须，制作者除在前中央插入带状鲸骨或木片、金属片外，还把鲸须按体形曲线弯好嵌入衣身，在胸衣的上沿也横向嵌入一根弯好的鲸须。背后的鲸须是直线的，强迫性地压迫肩胛骨，使背部显得更平。布料的接缝处也处理得十分巧妙，面料和鲸须完美配合，使胸衣具有柔而韧的特点，穿着时不再硬邦邦的，又能够箍得很紧。

18 世纪中期以后的洛可可女装日益华丽，注重额外的装饰，以无数花边、蕾丝、缎带花结、花状饰物和繁复的褶皱缀满全身，整件衣服如花似锦，充分体现了洛可可的艺术特色。繁复的装饰被用在裙子上，例如，丝缎带、人造花朵或是鲜花都被用来装饰衣裙，因此穿着这种裙子的女人被称作“行走的花园”。当时的蓬巴杜夫人的衣服多为此类，这种女服也被称为“蓬巴杜夫人式”（见图 5），是洛可可女装最华丽的代表。

女子外套因季节不同、用途不同而有多种类型，如乘马服、晨服、餐服、外出服（戏服、礼服、打猎服等）、晚礼服、睡衣。18 世纪 40 年代的妇女们一天要换 3 ~ 4 次衣服。

3 路易十六时期（1770 年至 1789 年）

这是洛可可风格隐退、新古典主义兴起的过渡时期，服装样式上的变化较为复杂。18 世纪中叶，意大利庞贝古城的发掘，以及一些杰出的启蒙思想家的新思想的广泛传播，使人们开始把目光投向朴素平静、高尚伟大的古典文化，这种文化倾向被称为新古典主义（Neoclassical），服装也从人工雕琢向自然造型回归（见图 6）。

这时裙子的体积逐渐缩小，大型的“巴尼尔”只在盛装时使用。18 世纪 70 年代，受波兰服装的影响，18 世纪最抢眼的“阿・拉・波罗内”罗布出现了，它是下垂式的，并可露出衬裙的长袍或晚礼服，裙子后侧分两处像窗帘似的向上提起，臀部出现三个柔和膨起的团，这种垂到脚踝的布裙，相对来说较实用，通常配有带跟的鞋子。同时期的英国风格女装简洁、质朴，去掉了“巴尼尔”，前后的腰线都向下突出，通过接缝处的许多碎褶形成裙子的体积感。18 世纪 80 年代，“巴尼尔”消失了，裙子变得柔软了，但人们继续用紧身胸衣整形，肩上披着小型披肩。臀垫取代裙撑，与 17 世纪末一样，后臀部又一次膨胀起来，这种臀垫被法国以外的国家戏称作“巴黎的屁股”。

女上衣出现了短装，为了方便穿裙子并露出纤细的腰身，短装下摆设计到齐腰，样式上更趋女性化。此类上衣以立体裁剪法制作，非常合身（见图 7）。

三　男子服饰

18 世纪的男人身穿马甲、马裤。马甲由缎子或丝绒面料做成，有口袋和长袖，并装饰有风景、花纹、动物图案的刺绣，用金银、瓷釉做扣子。敞开的马甲只有上面的几个扣子是扣着的，露出里面镶有花边领的衬衣，领子系成围巾形状。马裤穿到膝部，下面配有镶有花边的丝袜。无领的外衣紧贴着身体，在臀部微微张开，呈半环状，开口从后腰部往下延伸。外套是用与马甲同种颜色的丝绸料做的。

18 世纪的男性服装基本是英国式的。在英国，花边和丝带被认为是琐碎的装饰，于是黑色丝线代替了花边，人们脖子上系着白色棉料围巾。英国人穿的马甲用的是多彩的丝线，长至腰部，后面分成两部分。还有一种名叫“弗哈克”（Frock）的男式外套，一直垂至小腿的中部，袖子纤长，颜色通常是淡绿、淡黄或黑色。它是意大利男人衣柜里必备的衣服。18 世纪末，马裤用支撑物吊住，并向下加长盖住膝盖，跟丝袜相连。1730 年以后，男士穿马裤时不再穿长筒丝袜。

总的来说，18 世纪的男士服装更显朴素，但还是出现了很多奇特的变化。1770 年，英国花花公子开始抬头，他们成群结队地从欧洲大陆游荡回来，醉心于外国风俗，衣着深受当时意大利服饰的影响。这群花花公子穿着带褶边的领子，上面装饰着绣有各自名字的花边领巾。为了在街头引人注意，他们穿着带铁钉的高跟鞋，走起路来发出“喀咔”的声响。他们的整体穿着明显女性化，因样式太过于招摇，曾一度引起当时人们的反感。法国大革命后，法国也出现了与花花公子特征相似的另一群人。他们身着反叛传统的服装，戴金耳环，穿一种不到脚跟、连脚趾都露在外面的平底鞋，马裤上系有亮色的丝带，其被服装史学家称作“另类派”。

法国男性服装沿袭了英国的骑马服。法国大革命后，法国男性服装开始向现代服装风格发展，并且越来越俭朴。丝绸制的齐膝式马裤不再流行，相反，越来越多的人身穿长及脚踝的长裤、毛上衣、短背心和折叠的短袜。

图 5 蓬巴杜夫人和蓬巴杜夫人式女裙

图 7 洛可可时期的女子短装上衣

图 6 风格趋向古典自然的洛可可后期服饰

图 8 洛可可时期的女鞋和鞋套

四 服饰品及形象

1 男子形象

洛可可初期，男子继续流行使用白色假发；路易十五时期，流行灰色假发，假发向后梳，在脑后编成辫子或发髻，并把发髻装在丝绸袋子里，系上黑色缎带做装饰。

1700 年至 1780 年人们一直流行戴翘檐的三角帽，1780 年以后出现不翘帽边的帽子和向两处翘边的帽子，帽边上饰有鸵鸟羽毛、流苏或丝带。这些卷边的帽式同卷曲的发式结合起来，形成了彼此呼应而统一的视觉效果。

18 世纪男子都系一条围绕脖子的领巾，通常是将带花边的领巾围绕脖子系住，两端在前面垂下。这也就是 17 世纪末男子的领饰。领巾的围法多种多样，最为常见的是用领巾在颈前或颈后扎个蝴蝶结，这种领的围法后来演变成今天的领结。

男子一直流行穿白色或浅色的袜子，袜子用黑色丝绒花做装点，而下层人多穿黑色羊毛长筒袜。鞋的样式与 17 世纪男鞋的区别不明显。鞋做得很精巧，靴筒增高，没有了下翻的样式，鞋跟较低。

2 女子形象

女子发型都比较简洁，头发贴在头上，从前额梳向头顶，在脑后束起来。约从 1750 年开始，女子前面的头发被剪短了，发梢被做成发卷，密密地垂在脑后。

18 世纪 60 年代后半期，女子发型出现了高发髻，最高可达一米左右，使下颌处于全身高度的二分之一处。这种高发髻用马毛做垫子或用金属丝做撑子，然后再覆盖上自己的头发，如果头发量不够，再加上一些假发，用加淀粉的润发油和发粉固定。但仅仅把头发做高还是不能满足人们的装饰欲，在这个高高耸起的发髻上，人们还挖空心思地做出许多特制的装饰物，如山水盆景、庭院盆景、森林、马车、农夫、牧羊人、牛羊等田园风光和扬帆行驶的三桅战舰等。

洛可可时期的女子帽子样式也非常多，包括头巾帽、带檐帽和三角帽。女子在出门骑马时可戴三角帽，帽上经常装饰有羽毛、绸带及其他饰物，显得十分时髦。

洛可可时期流行低领口。三角围巾也比较流行，女子们把它披在肩上或塞进领口，有的是在穿低领口裙子时，在脖子上戴一条皱边领饰，这是轮状皱领的变体。1700 年至 1780 年，女子一般流行穿圆低领，1780 年后，许多女子穿方低领，披肩变得特别蓬松。

17 世纪初就出现了今天的女式高跟鞋式样（见图 8），与巴洛克时期相比，鞋跟变得更高更细，鞋头变成尖形，鞋舌上方往往有搭扣。但鞋面几乎都是用丝绸、织锦、缎子或亚麻布做的，也有少量使用柔软的小山羊皮。

第二节　新古典主义时期服饰（1789 年至 1804 年）

一　时代背景

自 18 世纪中叶起，由于意大利、希腊和小亚细亚地区古代遗址的被发现、勘察和考古研究的兴起，人们开始对古代文化产生比过去更大的兴趣，在文艺思潮上形成了新古典主义，这种思潮体现了通过采纳古典形式重新构建理性和秩序的意图。1789 年法国大革命爆发，象征着自由、平等、博爱的三色旗从法国向全欧洲扩展开来，不但摧毁了路易王朝的封建专制制度，也冲击了他们那日趋堕落的审美情趣，以画家大卫为代表人物的法国古典艺术应运而生。法国大革命时期的艺术家抛弃了一切娇媚、纤巧和花哨的洛可可样式，革命后的法国人民接受了新古典主义，形成了与洛可可时期截然不同的服装样式。因此，服装史上把这一历史阶段称为新古典主义时期。

这个历史阶段分为前后两个时期：前期（1789 年至 1804 年）包括法国大革命时期、督政府执政时期和三执政官执政时期，这是法国大革命后的混乱期；后期（1804 年至 1825 年）为拿破仑的第一帝政期和王政复辟初期。本节着重介绍新古典主义前期的典型服装、服饰和形象。

二　女子服饰

法国女装向古希腊、古罗马的自然样式方向发展，这种新古典样式的特点是造型极为简练、朴素，与装饰繁多、矫揉造作的洛可可风格形成强烈的对比。女子穿着一种用白色细棉布制作成的宽松的衬裙式连衣裙，解下了紧身胸衣和笨重的裙撑及臀垫，甚至连内衣也不穿了，出现了能透过衣料看到整个腿部的薄衣型服饰样式，因此，服装史上称之为“薄衣时代”（见图 9）。

这种古典样式的另一个造型特点就是把腰线提高到乳房底下，胸部内侧做成兼有乳罩作用的护胸层，这种高腰线也是后来帝政风格的一大特征（见图 10）。袖子很短，袖形有爱奥尼亚式希顿的感觉，露出小臂，时兴戴长及肘部以上的长手套。裙子很长，柔和、优美地垂至地上。裙长没有固定标准，社交场合的裙子长达八九米。这时，流行的面料是来自英国的细棉布。督政府时期，服饰一方面继续保持古典风格，一方面追求优雅，朝着华美、奢侈的方向发展。这一时期还流行一种来自英国的短夹克外衣“斯番塞”（Spencer Jacket），造型极短，长度只到腰以上，非常合体。

为了保暖，既长又大且厚实的围巾成了当时不可缺少的装束，它可以像披肩斗篷那样把上身包起来。根据季节的不同，大围巾的面料也分为多种，如毛皮、呢绒、毛线、哔叽、丝绸等。开司米的围巾也初次出现，色彩有白、红、黄、橙、黑、灰等，其面料和色彩都需要考虑与服装和帽子的和谐搭配。埃及、波斯、土耳其、印度等东方国家的美丽头巾也传入法国并流行。王妃和贵妇们所拥有的各种头巾数目是相当可观的，少则有三四十条，多则达数百条。

三　男子服饰

法国大革命废除了过去的衣着制度，黑色成为礼仪和公共场合的正装颜色，具有新的权威。

这一时期，男装向朴素、功能化方向发展。上衣被称作“卡尔玛尼奥尔”（Carmagnole），驳领很宽，

图 9 新古典主义时期前期的女装多采用薄型面料

图 10 腰线升高到乳房以下的女裙

图 11 新古典主义时期前期的男子礼服

图 12 新古典主义时期的女子古典发型式

有嵌袋和金属或骨制的扣子；长裤被称为“庞塔龙”（Pantalon），革命者穿上它表示对旧贵族那种长及膝的半截裤的革命。最初裤长只到深靴位置，后来逐渐变长，1793 年长到浅口皮鞋的位置。庞塔龙常用象征革命的红白蓝三色条纹毛织物制作，与卡尔玛尼奥尔和庞塔龙组合穿的还有双排扣背心。

1793 年，在革命派与反革命派激烈斗争的时期，两个政治派别也在服装上表现了他们的对抗。贵族原喜欢穿明亮颜色的礼服或外衣，为了表示对被斩首的路易十六的哀悼，他们配上黑色的翻领，而革命派穿着大卫设计的有红色翻领的衣服。恐怖政治过后，王宫司令部的男子示威性地穿着一些愤世嫉俗的服装。他们穿着一种新式的胸前有特大翻领的礼服，因领子过大而邋遢地垂皱着，颈上还围着缠绕两圈后在前面系小结的围巾；半截裤也不那么紧身合体，在膝下用华丽的缎带系扎；脚蹬翻口皮靴或浅口皮鞋，手里拿着文明杖。他们的长发像垂下来的狗耳朵一样披散着，故被称为“犬耳型”，或编成发辫，或在卷发上戴小小的两角帽，总体形象比较粗憨。

男装的流行趋势是减少刺绣和装饰，采用面料朴素的毛织物，法国出现了前襟自腰节处开始向后斜裁的礼服（见图 11）。这时的礼服分为两种样式：一种是在前腰节水平向两侧裁断，后边呈燕尾式，这是现代燕尾服的前身；另一种是前襟从高腰身处就斜着向后裁下去的大衣，这是现代晨礼服的前身。这两种样式一直延续到 19 世纪。

近似现代西服的很短的上衣出现了，它有开口很低的双翻折领，在腰间捏折并有两个口袋，可被看作西服的雏形。背心的造型也有较大改进，它已经短到齐腰长，取消了大盖袋，减少了扣子，有时只有三粒扣，更加短小，而且多用条纹面料来制作。

四 服饰品及形象

1 男子形象

1780 年以后，男子假发开始变短，同时发卷波浪减少，更多地体现出自然的形态。18 世纪 80 年代仍流行宽檐帽，分三角帽和两角帽。从 18 世纪 80 年代后期开始，帽子的帽檐变窄，帽筒增高。由于当时的衣服从简、少装饰，帽子、表袋、领巾成为当时男子的主要装饰。

18 世纪 90 年代特别注重颈部装饰，一些男子将白色领巾系得很高，有时缠至下巴。随着新古典主义服饰风格的兴起，男子的鞋逐渐变成浅口无跟样式。穿靴的男子也大有人在，穿靴时袜子不再露出。

2 女子形象

女子发型中，古典式的发型仍是主流（见图 12），继“提图斯”（罗马皇帝名）发型之后，出现了“普赛克”（Psyche，希腊神话中象征人类灵魂的美少女）发型，还有中国式发型和尼农发型。尼农发型的特征是卷发，头发紧贴头顶，露出额头，两侧有点卷发。

这个时期的女子一般不戴帽子，戴的帽子也与前期有所不同，流行戴帽檐向下弯的田园风格的草帽、头巾帽和软组织帽，帽上的饰品比起洛可可时期要少得多，出现了象征革命三色旗的三色花饰做饰物。另外，在新古典主义样式流行时期，由于裙子很薄，过去大裙子内侧暗藏的口袋没有了，这样，女人常用的小物件就无处可放，于是，女用手提包应运而生。这种手提包用精美刺绣的布料做成，有金属卡口和流苏装饰，可以拎在手里，也可以挂在腰带上。

为了弥补服装的过于简朴，女子会佩戴大量的首饰，如戒指、耳环、手镯、项链、镶宝石的发夹和帽徽等。浮雕宝石也非常流行，也有人把珍珠项链和金项链绕六七圈再围在脖子上。人造花的制造工艺已经达到相当高的水平。

思考题

1. 阐述洛可可风格服装在18世纪演变的过程，并分析说明欧洲文化艺术的演变与不断否定的特征。
2. 试比较巴洛克风格与洛可可风格的异同。
3. 追溯“潘多拉盒子”的渊源，分析其对于推动欧洲时尚产业发展的作用。
4. 新古典主义时期的男、女发型的特征有哪些?

第六章

CHAPTER 6

19世纪服饰

本章主要内容：19 世纪，欧洲进入了全面发展的时期。从社会体制到经济状况，从生产方式到科学技术，以及价值观念，欧洲都有了长足的进步。科技发展、工业进步，使传统的手工业作坊式生产方式迅速被大规模机械化生产取代。“珍妮”纺纱机和蒸汽机在纺织行业的普遍应用，使服装用布的产量大大增加，服装业迅速发展。缝纫机的使用为服装的批量化生产提供了可能。1858 年，英国青年查尔斯·弗雷德里克·沃斯（Charles Frederick Worth）在巴黎开设了以贵妇人为对象的高级时装店，从此在时装界竖起一面引导流行的大旗。19 世纪中叶，服装杂志在欧美已十分普遍，方便了人们对时装流行信息的了解。随着这一切，人们的衣着观开始发生转变，过去那种以豪华多饰的宫廷风格为时尚的穿着追求，正悄悄让位于追求实用、自由和功能化的装束。

建议学时数：6

第一节 帝政时期服饰（1804 年至 1825 年）

一 时代背景

1804 年，拿破仑称帝。因其对古罗马皇帝的尊崇，他在文化上提倡古典艺术的全盘再现，导致文艺复兴的风潮再次回归。此外，拿破仑始终怀抱着“帝国神王”的梦想，憧憬着光彩夺目的宫廷生活，提倡华丽的服饰，这就使得法国宫廷中的男装又回到路易十六时代，法国大革命时期的新古典主义服饰样式和革命前的宫廷贵族服饰样式同时并存。贵族式的装束也只是一种回光返照，它多半成为新古典主义样式的点缀，使新古典主义服饰增添了贵族的豪华气息。整个服饰的发展趋势仍是向前，而不是倒退，这在男装上表现得尤其明显。服装史上的帝政样式时期一般指 1804 年至 1825 年。

二 女子服饰

所谓的“帝政样式”（Empire Style）女装，其实是对前一时期新古典主义样式的延续和发展，基本造型特征是强调高耸的胸部，高腰身，细长裙子，泡泡形的短袖，方形领口开得很大、很低（见图 1）。随着时间的推移，这种直线外形的古典风帝政样式也在不断演变，衣服的场合区分也开始明确。另外，衣服的重叠穿用是这一时期女装的另一特色，主要反映在多层依次重叠的领饰，节节系扎的藕节袖和多层重叠的裙摆，或在外裙下摆处装饰层层重叠的花边。拿破仑时代还流行两色相拼的连衣裙，或将两种颜色不同的裙子搭配在一起穿。外裙与内裙形成色彩对比且面料质地不同，外裙做得较短或在前襟处敞开，便于露出内裙。

拿破仑宫廷使单纯的帝政样式向装饰性的罗布造型发展，皇后约瑟芬起了很重要的作用，她的披巾既具备了帝政样式的单纯，又富有宫廷的优雅和豪华。披肩方式的大围巾成为一种时尚（见图 2），这种围巾取料于柔软的开司米，上面绣有不同颜色的丝线图案。

在这个时代，出于卫生和御寒的考虑，女子们开始在裙内穿长衬裤。这种长衬裤一般是用肉色的薄

图 1 帝政时期领口开得很大很低的女裙

图 2 帝政时期的女子装束

图 3 穿着三件套的法国男子

图 4 装饰精美的 19 世纪初期女鞋

质面料制作，造型宽松多褶，近似裙裤，但常在裤脚处用绳带系扎，像灯笼裤。当时的女性对内衣并不十分关心，多数女子的内衣只包括衬衫和长筒袜。由于拿破仑对内衣的重视，紧身胸衣才在制造厂商的推动下有所改进并推广。新式女内衣代替了以往的紧身胸衣，又悄然回到女人身上。它用多层布料与密线成或用涂胶的硬麻布制作，在腰部收紧，胸部和臀部柔软而自然，竭力表现了女性的曲线美，其已接近现代女性所用的胸罩背心的内衣样式。

拿破仑失败后，东山再起的旧贵族势力重新在中世纪的服装样式中寻找崇拜偶像，于是出现了新型的哥特式服装。这种样式在表现贵族华丽装饰的同时，洋溢着一种浪漫气氛。随着裙摆量的增加，波浪、褶饰也增多了，或增加别色布，或加重裙子的重量和膨胀感，使之丰满起来。服装色彩虽仍以白色为基调，但在刺绣和边饰上都使用了浓艳的色彩，领饰和披肩也常是一些鲜艳的颜色。

三　男子服饰

为了提高并扶持法国纺织工业的发展及提高宫廷的威望，拿破仑提倡传统的华丽服饰。宫廷的服饰基本上沿袭了 18 世纪中期的风格，绣花丝绸上衣在设计和耗资上都体现了奢华的特点。宫廷男装又回到过去那种装饰豪华、色彩艳丽多变的怪圈中。

19 世纪初的普通男装不再像过去那样华丽，男装基本是以三件套为样式（见图 3）。一套打扮包括有色天鹅绒外套、黑缎马裤、精心绣花的丝绸马甲、袖口褶边的衬衫、领巾、扑上粉的假发、双角帽等，只有这样才能出席晚会和庆典等场合。各种领式的燕尾服被作为礼服广泛穿着。前襟下摆处以优美的弧线向后裁剪，后襟的燕尾变得短而齐平，后身的中缝随着背部的起伏被裁剪成优美的接缝线。礼服的腰部很瘦，突出了宽阔的肩和微翘的臀部，下垂的燕尾部分打着褶裥，富有变化。

由于战乱和生活繁忙，大衣成了男人们的重要服装。1804 年以前的大衣都是双排扣、大方领，常用羊皮制成。拿破仑时代出现了单排扣的大衣和披肩式的大衣，有多层披肩，也有比较紧身合体的轻便大衣。法国大革命时期出现过的长裤以更加合体的形式重新出现，半截裤仍被许多人喜爱，它一直流行到 19 世纪中叶。由于做得较为紧瘦，长裤和半截裤往往用弹力织物、麂皮或优质条纹棉布等弹性面料制作。1815 年，一种较为宽松的裤子出现了，裤管下端的带子从靴底下穿过，裤子前面只有一处开口。

四　服饰品及形象

1 男子形象

帝政时期的男子发式有拿破仑式前垂发，也有精心梳理但看上去很随便的卷发。在 19 世纪最初的 10 年里，留至下巴的鬓角成为这一时期男子头部修饰的典型特征。这一时期的帽式通常是黑色或深灰色的高筒大礼帽。

19 世纪初，男子们通常系两条领巾做装饰，一条是白色亚麻布的，另一条是黑色绢或缎的。黑色的领饰放在外面系成蝴蝶结状。除用领巾装饰前胸外，衬衣前开口处的双褶边和胸饰褶皱依然存在。

佩剑、文明杖、马鞭、装饰精美的鼻烟壶和皮革制作的小钱包也成为大多数人随身携带的物品。佩戴一大一小两个怀表也成为当时男子追崇的风尚。靴子仍受男子们深爱，种类很多，其中有种由轻薄皮革制成、靴口向下折回的靴子自始至终是 19 世纪骑手们所喜爱的马靴款式。

2 女子形象

这个时期，女士们更喜爱卷发的装饰性，因此假发也很流行。与 18 世纪不同的是，妇女们也与男子一样不再往头上扑发粉。在这一时期帽子十分流行，帽式包括麦秆帽、头巾帽和无檐帽等，这些可爱的帽子一直流行到 19 世纪中叶。埃及战役后，妇女们开始对豪华头巾产生兴趣，这种头巾用锦缎、条纹薄纱和天鹅绒等面料制成，再装饰上羽毛。

帝政时期的女鞋向更加实用的方向发展，高跟鞋不见了，取而代之的是平底鞋，鞋面上的刺绣减少，鞋头多为尖形（见图 4）。手套在 19 世纪 20 年代的配饰中占有重要的地位，以烘托出女子的高贵。女子们除了吃饭时脱下手套外，其余时间都戴手套。帝政时期的手套，无论是剪裁还是缝制都是出类拔萃的。小伞等配饰十分流行，影响了整个 19 世纪。与手套、小伞相比，金、银首饰显得黯淡无光，女子们很少佩戴珠宝首饰。

第二节　浪漫主义时期服饰（1825 年至 1850 年）

一　时代背景

拿破仑帝国灭亡后，经过了王朝复辟以及路易・波拿巴的政变，法国于 1852 年进入了拿破仑三世的第二帝政时代。在这种风云变幻的历史时期，梦想自身无限发展的资产阶级浪漫主义和企图回归贵族时代的反动浪漫主义混合在一起，形成了独特的社会风潮。长期的战争使法国财政极度匮乏，人们情绪不安。因此，许多缺乏上进心、反对古典主义和合理主义的人逃避现实，陷入富于诗意的空想中。他们倾向于主观感觉的宣泄，以中世纪文化的复活为理想，厌烦单调乏味、缺少变化的新古典主义艺术。这种思潮无论在文学、艺术还是在服装上都有明显表现。与之相对应的是，女性服装也出现一种充满幻想色彩的典雅形象；男装受其影响，造型上出现明显的改观。服装史上把这一历史阶段称作浪漫主义时期。

二　女子服饰

浪漫主义时期的女装在整体风格上日趋夸张和奢华。从 1822 年前后开始，女装又出现了“X”廓型，高腰线逐步下降，到 19 世纪 30 年代恢复到自然位置。紧身胸衣更加时尚，女子腰部再度被收得很细，袖子根部被极度放大，裙子也向外扩展开来，衣服面料和装饰再次变得华丽起来。

这个时期，妇女们为了达到收腰的目的，重新使用紧身胸衣。此时的紧身胸衣去除了鲸须和金属丝，并向下延长和加宽，在胸部和胯部增加了围度，使胸衣在展现女性美的同时又保持了一定的舒适度。胸衣一般都在背部开口系扎，如果是前开襟，就使用挂钩扣合。

裙子此时明显膨大化，裙型分为“A”字形和钟形两种。夸大膨起的裙子与收细的腰部形成对比，构成了“X”形。裙子下部的膨起，前期通过内穿多条衬裙实现，后期靠裙撑支撑，或使用臀垫使裙子在胯部横向展开。

上衣领型在这一时期有两种极端的形态：一种是高领口，一种是低领口。高领口上常有褶饰，或采用拉夫领、披肩领；低领口上常加有大翻领或重叠数层的花边和蕾丝。这两种领型有时也被组合起来使用。袖型最具特色，它是形成“X”廓型的主要元素之一。为了使腰部显得更细，肩部不断地向横向扩张，袖根部被极度夸张，甚至在该处使用鲸须、金属丝做衬垫或用羽毛做填充物。高领口的衣服一般和羊腿袖结合，低领的衣服一般和横抛袖结合，形成明显的横向线。后来还出了袖根收紧、前臂张开的细长袖。

受服装外形的制约，一种斗篷形的外套“曼特”（Manteh）非常受欢迎，另外，防寒用的手笼（Muff）也很流行。这时的流行面料有轻而柔软的薄棉布、纹路紧密的白麻布、波纹组织的薄纱、凹凸丝织物、提花丝织物、格纹与条纹毛织物和带有刺绣的蝉翼纱等。

三 男子服饰

这时的男装时兴收细腰身，肩部耸起，整个造型显得装腔作势。男子上衣仍是衬衫、西服背心、礼服的组合，下装为长裤的基本样式，无很大变化。男子外衣驳头翻止于腰节处，前襟敞开不系扣，露出里面的背心。后面的燕尾有时长及膝窝，有时短至膝部稍上。肩、胸向外扩张，垫肩使肩部显得更宽，袖山处也膨胀起来。礼服外形很细长，整体轮廓像倒三角形。为了使自己的身体更适合这种细腰身的造型，男人们开始使用紧身胸衣来整形。半截裤仍为宫廷成员所穿着，初期采用复古的样式，但明显增加了华丽的程度。呢绒的立领外衣与紧身半截裤相搭配，是当时迷恋贵族生活的人们的主要礼服（见图 5）。

男装的色调非常典雅，上衣多用黑色、茶色等深色呢绒，驳头和领子常用天鹅绒，燕尾礼服也多用黑色。但时髦的男子常穿着用浅色开司米或条纹织物以及白色针织物做得非常紧身的礼服，而且在裤脚出现了襻带儿。这种襻带儿挂在鞋底，很像女性穿的健美裤。

进入 19 世纪 40 年代，男装出现了明显的变化，上衣不再有明显的细腰曲线，腰线下降，下摆加长，出现了方肩箱形大衣。40 年代中期，男装再一次向更加简练的样式演变，外套的高领已变成了像现在西服领一样的翻驳领，长裤有宽腿裤和锥形裤两种。背心去掉了花色和衣领，衬衫开始流行无装饰、实用的简练造型，高高竖起的领子翻折下来，形成了现代衬衫领的造型特征。

四 服饰品及形象

1 男子形象

男子发型以短发为主，但在 1827 年，纨绔子弟中出现了一种叫作“普多尔”（Poodle）的幻想性装束。他们穿着腰部有大量碎褶的白色宽裤子，外套的领子很高，腰细，里面穿着条纹衬衫，乱蓬蓬的长发上歪戴着一顶大礼帽。

这一时期男子的帽式一直是以小沿高筒礼帽为主，其特点是直筒平顶，与领巾、手杖配合成为男子的主要饰物。领巾一直是浪漫主义时期男子们注重礼节、修饰仪表时重要的服饰用品，当时出版的着装指南中大约描述了 32 种系法。领巾的用料色彩比较朴素，以白色、黑色为多，有的是经过浆硬处理的印度细棉布，有的是东方式的丝绸。

图 5 穿呢绒的立领外衣与紧身裤的男子

图 7 浪漫主义风格的女鞋

图 6 过分夸张性征的浪漫主义时期的男女

2 女子形象（见图 6）

19 世纪 20 年代后半期，女子发型流行中分，头发紧贴头皮，在两侧有卷发。后来逐渐形成在头顶挽发髻的形式，而且发髻越来越高，于 1830 年左右达到顶峰。人们用铁丝作为支撑，用长长的饰针固定，上面装饰着羽毛、缎带、蕾丝、人造花等。自 1835 年起，发髻又重新回到基本高度，头顶的发髻转被移到脑后。

帽子总是与发型相呼应来改变造型。随着 19 世纪 20 年代后半期高发髻的流行，女帽的帽山也变高，帽檐随之变大，用鲸须或铁丝撑住。帽子上装饰有羽毛、缎带、蕾丝、人造花等，十分浪漫。意大利草帽也很受欢迎。

由于此时的裙长大多至脚踝部位，所以女鞋一般暴露于外，鞋形多为方头无跟或矮跟鞋（见图 7）。由于女子在这个时期流行骑马兜风，所以长筒马靴也是上流社会女子必备的行头。女子们追求户外的形象和装束，所以帽子、围巾、面纱、披风、手笼、手套、雨伞都是她们常用的配饰。

五 时装杂志的产生

1798 年，德国的塞尼费尔德·阿罗伊斯（Senefelder Aloys，1771—1834）发明了石版印刷术，使彩色印刷成为可能。这就为时装样本（Fashion Book）的出版和发行做好了技术上的准备。这种时装样本一方面应季推出新的款式供人们选择，一方面指导人们消费，对流行的形成起到了促进作用，从而改变了过去时装源自宫廷的单一流行方式。

第三节 新洛可可时期服饰（1850 年至 1870 年）

一 时代背景

1852 年 12 月 2 日，路易·波拿巴正式称帝，法国进入第二帝政时期。19 世纪五六十年代，资本主义在法国得到迅速发展，法国完成了工业革命。1867 年巴黎的博览会确立了法国工业在世界上的先进地位。被称为“世界工厂”的英国，正处于维多利亚女王执政时期，英国工业革命取得了辉煌的成果，开始称霸世界。1851 年 5 月 1 日，维多利亚女王主持了伦敦万国博览会开幕式。

1853 年，拿破仑三世与西班牙第一美女尤金尼娅结婚，这一结合给服装时尚带来了全新的面貌。尤金尼娅女士以其美丽的容貌和高雅的言谈举止征服了整个法国宫廷，对这一时期的服装流行样式产生了巨大的影响（见图 8）。这个时期又一次复兴了 20 世纪的洛可可趣味，因此被称为新洛可可时期。由于女装中大量使用了“克利诺林”裙撑（见图 9），服装史上也常将这一时期称作“克利诺林时期”。

科学技术飞速进步，有机化学迅速发展，化学染料问世，大量生产的廉价衣料大大丰富了人们的衣着生活。缝纫机的发明和使用，对成衣制造业产生了划时代的影响：它在市场上的投放促进了服装成衣化的发展，在一定程度上把妇女从繁重的家庭劳动中解放出来，对后来的欧洲女权运动起到了促进作用，

图 8 新洛可可时期尤金尼娅和女子们的服饰

图 9 穿着“克利诺林”裙撑的各阶层的女子们

同时促使了服装流行演变频率的加快。

新洛可可时期的服装特点是男女装向着两个截然不同的方向发展。男装变得更加简洁和机能化，确立了不同时间、地点、场合的穿着模式。女装不仅继承了巴洛克和洛可可的追求曲线和装饰的特点，而且向着放弃功能、一味追求艺术效果的方向发展。

二 女子服饰

在新洛可可时期，紧身胸衣是女子着装打扮时必不可少的整形工具，虽然这个时期的衣装腰线有时下移，有时消失，但更多时间仍是以收细腰的外廓型为主，细腰和上衣下裙的对比仍是这一时期的主流。

此时女子的紧身上衣有两种形式：一种是沿袭以往的衣式，小溜肩，前面平直呈三角形，与裙相连；而另一种则明显不同，衣下摆有逐步加长的趋势，有时可达膝部，成为一种长外套上衣。女式绣花短上衣成了时髦的服装，之后又出现了品种齐全的滚边和皮边夹克上衣。

上衣袖在此时也有明显的特点：袖子肩部紧小，袖子下端膨大，形成了锥状的宝塔形，使得整体均衡协调，又可以使服装富于变化。袖子也有较短的袖型，一般长至肘部，可露出里面的衬衣衣袖。此时还有一种裸臂的短袖型，甚至取消袖子，以披肩代替短袖，形成优美的装饰效果。上衣的领饰在这个时期有多种流行样式，有高领、低领、袒领、翻领，无论哪种领式，领口处都有饰边滚花，或抽褶装饰，或绣上纹样、垂着流苏。

新洛可可时期的女裙，撑箍裙的使用大大扩展了裙子的膨起程度。比起过去多层衬垫、粗布浆和浆过的平布衬裙，新的撑箍裙拥有诸多优点，极大地方便了妇女的生活。撑箍裙有上尖下大的“A”形和上部宽于下部、自然下垂的钟形。裙摆拖地，后裙摆逐渐加长，最长时可拖后数米，加上硕大的裙围，使得贵族女子的行走比浪漫主义时期更加困难。由于女子们追逐宫廷风潮，裙子上的刺绣纹样、边饰、花朵、蝴蝶结等装饰明显增多，其中最具特色的是劈褶装饰。此外，裙子本身的面料质感和花色选择也十分讲究，面料常按照局部印染法印染或纺织，可供选择的面料很多，如复杂的平纹织物、凸纹织物、条纹织物、上等细布、方格花布、法兰绒、锦缎等。

19 世纪 60 年代，由于人们兴趣的转变以及裙子过分硕大的弊端，裙身膨起的程度急剧缩小。到 60 年代后期，撑起的圆形裙转变为前面平直后面上翘下拖的式样，裙子的重点移向身后，表现了强调臀部曲线的特征。

三 男子服饰

朴素而实用的英国式黑色套装在资产阶级实业家和一般市民中十分普及。男装的基本样式仍是上衣、背心、礼服的组合，不同的是，出现了用同色同面料制作这种三件套装的形式（见图 10），并在着装规范上形成了大家共同遵守的程式。这种程式一直沿用到今天，成为一种惯例。

上衣主要有四种：

一是白天穿的大礼服（Frock Coat）。这种礼服到了 19 世纪演变成前身四粒或六粒扣的款式，长及膝部，有腰线，前门襟为直摆，翻驳头部分用同色缎面，衣身面料多用黑色礼服呢绒或粗纺毛织物（偶尔也会有雪花呢）。这种白天的常用服后来变成男子白天穿的正式礼服。

10“S”形男子三件套

图 11 新洛可可时期的女鞋

二是夜间正式礼服（Evening Coat），即我们所说的燕尾服。19 世纪这种礼服更为普及，到新洛可可时期基本定型。领型为枪驳领，驳头部分用同色缎面。前片长及腰围线，前摆成三角形，两侧有装饰扣。后片分成两个燕尾形，衣长至膝，用料为黑色或藏青色驼丝绵、开司米或精纺毛织物。

三是白天穿的晨礼服（Morning Coat），这种衣服来自骑马服。前襟自腰部斜着向后裁下去，故称为“剪摆外套”。腰部有横切断接缝，后片一直开到腰部的开隙，开隙顶端有两粒装饰扣，衣长至膝，袖口有四粒装饰扣。

四是单襟夹克（Single Jacket）。左右前衣片的覆盖叠合很浅，一般只有 3 厘米~ 4 厘米，腰间无横接缝，有单纽、双纽、三纽、四纽等的区别。这种夹克用途很广，可作为准礼服，也可作为办公服、旅游服。前片衣摆一般是圆的，但有时也可以裁成直角。

除了上述四种主要的形式以外，男装还出现了用于参加晚会、宴会的晚间准礼服（Mess Jacket）和源自克里米亚战争的斜肩外套（Raglan Coat）。

男式背心也是种类繁多，有领、无领、单排扣、双排扣，用途各不相同。用料一般与上衣相同，但仍保留使用豪华面料做背心的习惯。不过 1885 年以后，背心上那华丽的刺绣为格子或条纹面料所取代。

裤子变成与现代男裤一样的筒裤，但仍比较窄，裤线还不明显。19 世纪 50 年代，裤口处还有套在脚底的踏脚襻带。到了 60 年代，这种踏脚裤只用于正式晚礼服，平常人们穿的西裤长至脚面，侧缝上有条状装饰，晚礼服的裤子侧缝上有同色缎带装饰。

四 服饰品及形象

1 男子形象

新洛可可时期的男子发型较短，但十分重视鬓角和胡须，偏好留络腮胡子，唇上多留八字胡。头上抹很多头油起定型作用。这一时期仍流行代表尊贵身份的大礼帽，绅士们在处理公共事务时，总戴着绸子礼帽。礼帽可用丝绸、丝绒或布料制作，多为黑色。这个时期是礼帽的帽筒最高的时期。

背心的颜色变暗，所用面料与外衣相同，因此领带、领结成为男子不可缺少的饰物。另外，此时还出现了单片眼镜，满足了绅士们功能性和装饰性的需要。别针、饰扣、表链、戒指、手杖、手套等也是男人们随身携带的装饰品。

2 女子形象

女性发式在这个时期的最大特点是染发的盛行，化工染料的发展将她们改变发色的需求变成可能。当时妇女的发型是将头发从两鬓向后梳，再用网罩将头发裹在里面。由于人们喜爱较大的发型，妇女也常戴假发。此时的发式多为中分式，强调横向的走势。妇女流行小帽，目的在于露出发式和发色。小帽可以戴在头上的不同部位，帽上仍有花饰、带饰或羽毛饰。19 世纪 60 年代，后裙摆缩短，鞋子常露在外面。鞋子的设计受到人们的重视，鞋后跟出现了，鞋帮呈有趣的弧形，鞋面系带取代了鞋帮系带，系扣鞋也广泛流行（见图 11）。

第四节　19 世纪末期服饰（1870 年至 1900 年）

一　时代背景

19 世纪末，欧洲各国先后完成了工业革命，各国科学技术迅猛发展。科技的进步从不同层面改变了人类和他们自古以来构筑的生活模式、审美观念和价值观，人们拥有越来越多的闲暇时间来投身体育运动。对应于社会形态的变革，服装样式也处于向现代社会转变的转型期，人们十分注重体育活动的需要。到了 90 年代，人们为每一项体育活动设计了一种独特的服装，不仅有网球装（见图 12）、游泳装、自行车骑装，而且还有水球装、曲棍球装、棒球装、田径装、划船装等。

这个时期，女子思想逐步解放，其参加社会活动和生产劳动的意识随之体现出来。这是女权运动的前奏，也为女子服装向开放式、运动式转变打下了思想基础，提出功能性要求。女装继男装之后也开始了向功能性方面的转变，这仅仅是一个开端，传统的造型样式仍主导着女子服装。

二　女子服饰

进入 19 世纪末，女装的演变速度更快。由于受到欧洲工艺美术运动的影响，此时期女子的衬裙和裙撑将重心移到后臀，这种裙子被称为“巴斯尔”（Bustle）式裙撑，使女子的侧面构成完美的“S”形曲线（见图 13），所以这个时期又被称作“S”形时期。其制作方法和样式极为丰富，都以后臀高高翘起为美。因此，衣裙的背后成为装饰的重点，堆积的大蝴蝶结和由此形成的褶裥常常被用来增加后部的丰满感（见图 14）。上身的造型仍然是突出胸部的丰满，并勒紧纤腰。

1 19 世纪七八十年代的女装

此时上衣的衣身加长，一般是袍式或连衣裙的形式。上衣只罩于身上，前襟与裙子重叠部位打开很多，

图 12 19 世纪末期的女子网球装

图 15 带有深“V”字领的“S”形女裙

图 13 衬裙和裙撑将重心移到后臀的巴斯尔女裙

图 14 臀部系着蝴蝶结的巴斯尔女裙

或撩起系在背后，或翻起在后身束起，前衣摆最长时可至地面，倒三角形尖下摆消失了，下摆大多为平直造型。

领式在这一时期以变化快为特征，深开的“V”字领（见图 15）、鸡心领和小翻领较多，一字领、弧形领和 U 形领也时常出现。相对而言，这时的袖子比较简洁合身，但是为了与服装其他部分的装饰相称，衣袖也经过了修饰加工。早礼服的袖子大都齐到腰部，但特殊场合的衣袖要短些。

19 世纪七八十年代，女子紧身胸衣的用料较为柔软，关键部位缝线密集，用以加强面料的强度。当时女子们穿着紧身胸衣，追求的是凸胸平腹的造型效果；下身仍穿裙子，整体造型多为窄裙。19 世纪 70 年代裙撑消失，修长的裙式在小腿部位变窄，直径小于臀围。这种裙形使女性看起来多了几分苗条和秀丽，但女性走动起来并不十分方便。80 年代后期，裙摆逐步变大，恢复了三角形裙式。

虽然裙撑消失了，但裙垫被大量地使用，用来垫高臀部，强调翘臀效果，使裙子向后延伸。中上层妇女的后摆多为拖地式，裙后下方和拖地部分布满花饰或系扎出花式造型。大量对称或对比强烈的布料花纹呈直线、弧线、斜线或波浪线形，从腰间垂到裙子的底边。

2 19 世纪 90 年代的女装

19 世纪 90 年代，纤细、束紧的腰围仍被认为是完美的造型。为了达到审美的要求，女子们还在正常腰围的腰上系上能束紧腰身的宽腰带，或者在裙子剪裁上下功夫，采取分片裁剪和捏褶的方法，制作喇叭状的裙子。妇女们时兴穿套服，一般短外套是素色的，可搭配面料相同或不同的裙子。

当时女装最有特点的部位是袖子。为了强调细腰身，在袖子上可行的方法是使肩部的横向线条展宽，所以这一时期又重新流行羊腿袖（见图 16）。其特点是肘部以上呈大灯笼状，而肘部以下收紧。直到 1899 年时，通体紧瘦的袖子才又出现。庞大的羊腿袖增加了服装的豪华感，使穿者富有气派。为了适应这种袖型，短外衣以柔软合体的披肩型居多，或者是有羊腿形袖子的短外衣。也可以说，这个时代的女装总体造型为“X”形。

进入 19 世纪末，裙撑逐步消失，但裙型仍然膨起，人们通过系许多三角布的办法使裙子扩展成钟形。裙子上用一种花边装饰，将其水平地镶在紧身胸衣上。19 世纪末的裙子不是硬挺的，而是紧贴在臀部上并柔软地拖到地面的。女子们为了在走路时优雅地露出裙子下面白色的饰边（而不是露出脚踝骨），必须学习提裙的艺术。19 世纪 90 年代的裙子使用了松紧带，用来固定褶饰。

运动式服装的款式越来越丰富，其造型仍脱不掉“X”形的总体样式，连游泳衣的造型也是如此。女式泳衣的式样一般是高领口、羊腿形袖子及膝长的裙子，里面还穿着灯笼裤。它们一般都用深蓝色的哔叽、羊驼呢和法兰绒等厚质、有弹性的面料制作，并且有白色边饰，腰部紧瘦。

三　男子服饰

这一时期前期，男子穿有腰身的长大衣，显得十分精干，衣服长度为身高的四分之三或更长一些，有较宽的翻领，侧袋有袋盖。中上层社会几乎每个人都穿大礼服或燕尾服。西服宽松下垂并有褶皱，衣服的边缘被裁成圆角或方角，衣服的翻领相当高。

图 16 羊腿袖的回归

图 17 19 世纪末仍以三件套形式为主的男子着装

背心做得较大，在颈部露出小的“V”字领口。“V”字领口有一个宽大的水手式领结，或是深色绸质领带。运动时人们穿条纹或方格呢背心。衬衣的衣领各种各样，讲究穿着的时尚人士穿硬高领的衬衣，大多数人穿领子端部为尖状的衬衣。衬衣的胸部笔挺，里面装有假胸。衬衣从背后开口，领口和袖子较硬。除了裤子较瘦外，当时的人们所穿的晚会服装几乎与现代人所穿的一样。1880 年后，无尾常礼服出现了。

1885 年左右，男子在运动时穿腰部有带的男用宽上衣，用苏格兰呢制作，前后有两个箱形折缝垂直向下，使手臂运动自如，外衣上有一根弯曲的衣带。

这个时期的后半段，男子着装仍然以三件套形式为主（见图 17）。新的变化是现代型的衬衣和领带的登场。所谓现代型，即衬衣领呈有领座的翻领，袖口采用浆硬的袖克夫的形式。衬衣领子基本定型，领巾逐渐消失，取而代之的是领结和领带。领结与领带的系法作为男子身份和礼节的象征也被固定下来。

男式大衣的样式较为丰富，长短宽窄不同，但总体上比以往相对宽松。收腰大衣仍在流行，但箱形宽松大衣才是主流，或在腰身处加根腰带。还有一种带有披肩的长袖大衣，有系带和不系带之分，其长披肩部分的长度一般到肘部，甚至手部。这时还出现了各种羊毛织物的短大衣。有的是为适应人们的体育运动而产生的，没有开襟，被称为运动套头衫。

四　服饰品及形象

1 男子形象

男子的帽式与前期没有太大悬殊，唯一不同的是帽筒高度逐渐下降。另外，男子留长鬓角已经落伍，人们更喜欢把脸刮得干干净净。已少有人穿靴子。除了与礼服相配套的三接头皮鞋质地较硬外，一般皮鞋皮质相对较软，鞋的基本式样与今日没有太大的区别。

2 女子形象

19 世纪七八十年代的女子发式多为向上或向后梳，常在脑后系扎，然后或编成辫，或盘成发髻，或自然卷曲下垂，被称作"圣母式"。发式向上或向后梳高，并在其内嵌有金属丝笼制的假髻，让发型显得更加丰厚饱满。

18 世纪七八十年代，缎发带、头巾都很流行，大多带有花边或蝴蝶结装饰。此时的无檐女帽仅限于家居使用，或者是已婚妇女佩戴。一般女子流行戴向上翻的宽边和矮钟形帽顶的帽子，还会在帽带周围用鸵鸟毛装饰。此外，戴面纱也十分流行。

女鞋在这个时期的流行趋势是高跟鞋、高筒靴，鞋面上多用扣、带、蝴蝶结装饰，鞋子造型体现了工艺美术运动的实用与简洁的宗旨。

90 年代的发型与前期变化不是很大，总的变化是发型高度有所下降，假发和发笼减少，发型更加自然。头发大多梳至脑后，盘髻。80 年代高花瓶式的帽子和小巧的檐帽被 90 年代的平顶宽边大檐帽取代，帽子上的饰物仍然是不可缺少的。

鞋子仍流行英国样式，运动鞋和时髦式样的鞋子走向极端。鞋子通常由羊皮、缎子或棉布制作而成，有便鞋、拖鞋和靴子，颜色主要有黑色、棕色、白色和黄褐色。

思考题

1. 帝政时期的男、女装与新古典主义前期相比出现了哪些新的特征？
2. 概述 19 世纪 90 年代男、女装变化发展的过程。
3. 追溯巴斯尔裙撑发展变化的历程。
4. 讨论 19 世纪末社会的发展对于服饰的影响。

第七章

CHAPTER 7

20世纪服饰

本章主要内容：20 世纪服装史是研究现代西方服装发展和流行变化的重要资料来源，服装史学家常常以 10 年为一个阶段，来分段研究各时期具有代表性的服饰和形象。

20 世纪初期的十多年常常被称为“美好的年代”，女性要求参与社会活动的呼声越来越高，从而导致了服装设计的转折性革命，催生了现代的时装。1909 年，著名的俄罗斯芭蕾舞团在巴黎的表演使东方风格服饰在法国风行起来，并很快地出现在欧洲女士们的流行服衣柜中。一战后，女性的社会经济地位得到改善，女性的服饰形象也发生了极大的变化。女性们开始从身体形象和服饰装扮上否定自身的女性特征而向男性看齐，于是她们剪短发，并穿上忽略胸腰线的管子状服饰。这个时期在服装史上被称作“女男孩”时期。进入 20 世纪 30 年代，人们厌倦了模仿男孩子的女性服装的矫揉造作和缺乏女性风采，转而追求更加具有女性味道的时装，此时的欧美都出现了追求典雅、苗条时装的风潮。第二次世界大战时期女装男性化的倾向，使得战后的女性转而十分憧憬优雅的曲线之美，希望突出女性本身的特质。时装大师迪奥（Dior）适时地推出了一种全新的服装款式——“新风貌”。由迪奥所创造的“新风貌”，以其娇柔、优雅、高贵而性感的全新面貌，继续在 20 世纪 50 年代征服着所有女性。此时的女性服装，在廓型上追求的是柔软的线条，斜肩、滚圆的臀部及极为狭窄的腰部。

由于人口众多的年轻一代的崛起，新的社会价值观形成，各种反传统的叛逆思潮蔓延，因此 20 世纪 60 年代是一个变革的年代。时装潮流和人们的穿着观念也发生了全新的变化。各种类型的街头服饰，如迷你裙、喇叭裤、牛仔裤、不分性别均可穿着的新潮服饰，成为当时的最新潮时装。20 世纪 70 年代是一个社会经济状况和人民的社会情绪均不稳定的时代，此时的服装舞台亦呈现出一片混乱的状况。在重视个性、自我的潮流之下，时装亦变得多样化：飘逸的长裙成为新焦点，剪裁宽阔的长裤及喇叭裤成为潮流新典范，东方色彩缤纷的宽身设计迅速流行。20 世纪 70 年代的年轻人是社会最活跃、最敏感的群体，他们追求着装的个性化，且利用服饰来表达自己的独特个性，拒绝商业味的时装。

“回归自然、保护环境”成为20世纪80年代全球性的话题，时装领域也是如此，同时潮流趋于多元化。高收入阶层人士追求高档名牌，热衷于高级女装。而年轻消费者打扮前卫、追求个性，不拘于传统审美与着装观念，而以表现自我为出发点。20 世纪 90 年代是一个百花齐放的年代，高科技已经在各方面被广泛应用，社会在一个空前的高速中运转。人们从 20 世纪 80 年代的奢华之中走出来，进入了一个提倡节俭和注重环保的世界。此时的服装界，一批欧洲新晋设计师冒头，主流的时尚是提倡解构与简洁主义，同时环保风令自然色衣料流行，东方情结成为一股主流文化。

建议学时数：10

第一节　1900年至1909年服饰

一　时代背景

20世纪初期的十多年，常常被称为“La Belle Epoque”，即“美好的年代”。这个时期社会财富丰富，大西洋两岸多年的产业兴旺，形成了有稳定、高雅和优美特色的社会气候。上流社会频繁的社交活动意味着服装在日程表中扮演着重要角色，女士们一天之内通常需要换装达五次之多。

1900年至1909年的10年间，女性服装经历了革命性的改变。19世纪末，女性要求参与社会活动的呼声越来越高，而基于紧身胸衣的女装造型体系却妨碍了她们的日常活动，因此女性对服装设计改革的诉求越来越强烈。这种革命把服装设计的核心放到强调女性身体的优美上，是服装设计史上的转折，催生了现代时装。

二　典型服饰及形象

1 女子典型服饰及形象

（1）服饰

此时的女性服装经历了革命性的转变，其中的“新艺术运动”对流行服饰产生了深远的影响（见图1），服装的外轮廓呈“S”形，充满华丽、柔美的浪漫色彩。女装从装饰过剩的重装向简洁朴素的轻装过渡，主要表现在以下几个方面：女性服饰的基本形态是“S”形，突出人体的自然形态；装饰方面则渐渐减少刺绣、花边、褶、穗、带等装饰，较以前更加简洁素朴；女性渐渐从紧身胸衣的束缚中解放出来，胸罩和柔软的内衣出现了；裙子的长度比以前更短些，露出了双脚和踝关节。

1900年，法国女子萨洛特（Gaches Sarrautte）对紧身胸衣进行了改造，将原本紧紧顶着乳房并将其高高托起的上缘降至乳下，自然地呈现乳房。这种“健康胸衣”降低了前腰的位置，在束紧腰身的同时，使小腹更加平坦，强调了背部的曲线，臀部更显得圆润和饱满起来。从侧面看时，女性的身体便构成了生动优美的“S”形，女性的外衣造型也因此形成了美丽自然的“S”形曲线。

“吉卜森女服”也曾风行一时，这种服饰形象是由美国画家查尔斯·达纳·吉卜森（Charles Dana Gibson）在绘画作品中创作的。其典型形象是“S”形的紧身内衣，剪裁考究的长裙和合身上衣，整体造型强调纤细的腰部、健康丰满的胸部和臀部。“吉卜森女郎”大胆、热情、生动而富有朝气，代表了当时女性的新形象，为女性形象建立了一种新典范。在19世纪90年代到1914年间，这个富有青春气息、活跃的独立女性角色几乎被当时所有时装画家模仿和传播，进而大量地出现在欧洲的时尚刊物之中。“吉卜森女郎”服饰与形象的流行也预示了一种新的服装趋势，这种着装风格和形象从普遍的意义上符合了大众的审美需求和实际的生活需要，不仅适用于贵族阶层的女性，一般的劳动妇女也可以轻松模仿。

此时女性对于户外活动的要求更加强烈，各种运动越来越流行，特别是骑自行车和打网球。由此女性对服装的要求也有了相应改变，出现了以其创始人布鲁姆夫人（Amelia Bloomer）的名字命名的宽松的灯笼裤，也被称为“理性服装”。这种裤子一般被穿在薄型上衣下面，很适合骑自行车等运动。

图 1 20 世纪初，“新艺术运动”盛行，此为具有浓厚新艺术特征的香水广告。

图 2 20 世纪初的女性有卷曲、蓬松的头发，而带有羽毛装饰的大帽子则是必不可少的配饰品。

图 3 20 世纪初的男装延续 19 世纪的三件套模式

图 4 保罗 · 波烈的作品明显带有埃及等东方服饰色彩

20 世纪初期的内衣一般用高档丝绸和花边制成。这种精致、柔软的织物很容易受损，需要大量的洗涤、上浆、熨烫和修补工作。衬裙则有豪华的饰边，使人在走动时发出“嗖嗖”声。据说，社交名流要将每年衣着支出的五分之一花在内衣上，由此可见内衣在女性衣着中的重要性。

（2）化妆与配饰

20 世纪初期的女性生活重心是家庭，她们的形象应该是善良的、自然的，过分使用化妆品及染发之类的修饰行为为当时的社会所不齿。女子的皮肤要白皙，任何太阳晒出的红色或天生的红彤彤的肤色都会被认为像劳动妇女，从而被上层社会唾弃。如果穿着晚礼服，则女子皮肤更要白皙，如果不够白，就要通过化妆变白。因此白粉、液态的面霜是女子绝不可少的化妆品。女子在化妆时刻意强调太阳穴、颈部、开低的胸部部位的微蓝血管，扑粉的时候也留出蓝色痕迹，以表现微妙的敏感。

头发的颜色十分随意，但发型则很有讲究。此时的女性不喜欢留直发，因而波浪发、蓬松发等性感发型十分流行（见图 2）。而为了达到大波浪、蓬松发的效果，当时女性广泛使用卷发烫铁夹、烫发器、假发套等工具。

20 世纪初期，以法国为中心，夸张而宽大的发结和帽子十分流行，其中有一种帽檐伸出额头的被称为“蓬巴杜夫人”的发型风靡一时。到了后期，卷卷的短发取代了宽大夸张的大型发型。

2 男子典型服饰及形象

男装自 18 世纪以来基本沿袭英国模式，20 世纪初期的男性服饰也是如此，延续了 19 世纪的基本模式，也就是三件套模式（见图 3）。男性服饰的变化较少，正式服装是西服三件套组合，衬衣和领结（或领带）是必需品。衬衣的料子十分讲究，一般为亚麻布或高级的棉布。领子的造型有两种：一种是用于便装的翻领，一种是用于正装的硬立领。

男子的帽子式样繁多，如与便装搭配的简单的便帽、草帽和毡帽等，与正装搭配的高筒窄帽檐的大礼帽。

三　著名设计师及品牌

1 保罗 · 波烈（Paul Poiret，1879—1944）

保罗 · 波烈被称为女性服饰的革命家。他在 1906 年推出“焦点”在肩部、腰身宽松、膝下收紧的独特服装款式，是一款具有划时代意义的设计，预示在 20 世纪里，女性美将不再只以腰部为唯一着眼点。他最著名的设计则是于 1911 年推出的以“一千零一夜”为名的服装，该设计作品受到了俄罗斯芭蕾舞团演出的影响。他的设计具有明显的异国风味（东方风味）（见图 4），并在设计中融入古希腊、古罗马的款式概念。他喜欢采用鲜艳色彩，开创了“蚕蛹”等前卫大胆的款式造型。波烈的其他革新之举还包括用头巾、小圆帽款式取代宽大的女帽，在女装设计中采用裤装等。

2 杰克 · 多塞（Jacques Doucet，1853—1929）

杰克 · 多塞被称为“高级女装的魔术师”，他于 1870 年开始了自己的设计生涯，艺术感觉敏锐、修养深厚。设计风格淡雅，充满纤细、妩媚的女人味和性感（见图 5）。上流社会女性、著名女演员等都是他的忠实顾客。

3 帕库茵夫人（Jeanne Paquin，1868—1936）

帕库茵夫人是一个对潮流感觉极度敏锐的设计师，她的设计风格高雅，其所设计的毛皮服饰尤其受到欢迎。同时她还有很强的商业意识，曾经让模特穿上新设计的衣服到赛马场“招摇过市”， 从而开创了在体育赛场进行时装宣传的先河。1900 年巴黎万国博览会期间，她在协和广场放置穿着其作品的女人像来宣传其设计；1910 年，她向美国派出十多名模特，进行巡回演出。帕库茵夫人的另一创举是在海外开设大量分店。

四 时代偶像及人物

20 世纪初期的时代偶像是女演员，演艺界的红星成为时髦女性模仿和崇拜的对象（见图 6），她们的衣着打扮影响着社会的潮流。其中最著名的是沙拉·伯恩哈特（Sarah Bernhardt），她在歌剧《托斯卡》《圣女贞德》等中出演主角，在当时的影响很大，她一直追随保罗·波烈的时装。

图 5 杰克·多塞的作品

图 6 丽娜·卡瓦列里 (Lina Cavallieri) 是来自意大利的著名女歌唱家，也是当时“世界上最美丽的女人”之一。

第二节 1910 年至 1919 年服饰

一 时代背景

20 世纪 10 年代的大西洋两岸都呈现一派歌舞升平的景象。由妇女领导的、为争取独立和承认的运动，以及通过有组织的抗议取得投票权的运动正在赢得声势。同时女性在抛弃了约束她们的紧身内衣之后得到了心理和生理的双重自由。

1909 年，俄国芭蕾舞团对巴黎的访问对整个欧洲而言是一次在视觉上、文化上和审美观上的大冲击，其影响随后扩展到其他方面。20 世纪初期是东方风格服饰十分风行的年代，这要归功于 1909 年俄国芭蕾舞团在巴黎的表演。舞台服装设计师赖昂・巴克斯特（Leon Bakst）选择了轻薄飘逸的面料、浓重而艳丽的色彩、金银的亮片和丝线，勾勒出神秘的东方图案，当精彩的芭蕾舞表演轰动整个巴黎的同时，具有东方情调的服装也在法国风行起来（见图 7）。这些奢华的织物、绚丽多彩的缠巾式头饰、奇异的颜色（从金黄、红宝石、猩红、翠蓝、紫、绿玉石到黑色等）都很快地出现在欧洲女士们的衣柜中（见图 8）。

二 典型服饰及形象

1 女子典型服饰及形象

（1）服饰

20 世纪初期，国际形势十分动荡。 受 1914 年爆发的第一次世界大战的影响，这 10 年一般被分为两个不同的阶段。

第一阶段是 1910 年到 1914 年，即第一次世界大战爆发前期。这个时期欧洲基本处于繁荣稳定之中，服装界受到东方风格、“装饰艺术”（Art Deco）及俄罗斯芭蕾舞团的影响，告别装饰华贵、式样保守的旧时代，进入了新鲜、年轻、简单和朴素的创意性新阶段（见图 9）。此外，由于妇女参加体育活动的要求日益强烈，1913 年前后，法国出现了第一批专门设计女装的设计师。他们设计的服装在宽松内衣的基本结构上加以演化，采用松软的棉质面料，符合女性参加运动的要求。

第二阶段是 1914 年到 1919 年，也就是第一次世界大战时期。这个阶段整个欧洲处于大动荡之中。这个时期的服装界又可分为战时和战后两个阶段。第一次世界大战期间，由于大部分男性都上了战场，女性必须参加工作，因而工作制服取代了时髦的服装（见图 10）。针对这一情况，英国服装界推行“任何时候都可以穿”（Dress For All Occasions）的观念，提倡那些同时适合日常生活和工作、正式场合和非正式场合、户内和户外穿着的服装。这些服装的主要特点是剪裁宽松，面料既廉价又可洗涤，不使用纽扣及腰带。而第一次世界大战结束初期，服装界也出现了许多新气象。例如裙装开始变得短小，露出脚踝，短而宽的衣服和简单的直筒裙非常流行等。

“霍布尔裙”（Hobble Skirt）又称“蹒跚裙”是一种腰身宽松，膝盖以下收窄，使女性举步艰难的裙子。此裙于 1910 年至 1914 年间风靡巴黎，这一时期又被称为“霍布尔裙”时期。由于这种裙子下摆十分窄小，为了步行方便，女士们在收小的裙摆上开一个深衩，她们在行动的时候，腿部因此忽隐忽现，

图7 20世纪初期的服装，由于受到东方风格的影响，欧洲形成了一股东方风潮，从俄国、印度、波斯、古希腊、古罗马等传统服饰中找寻可借鉴之处。

图 8 高腰线裙子、有羽毛装饰的帽子均为 20 世纪初期早期的典型装扮

图 9 不突出人体曲线的、具有毛皮边饰的宽大服饰在 20 世纪初期第一阶段非常流行

图 10 战争期间，大量女性走向社会参加工作，因而工作制服取代了时髦的服装

图 11 玛丽 · 皮克福是 20 世纪初期好莱坞第一女星，拥有一头金黄色的卷发，被认为有着天使般的面孔，也被称为“电影艺术的第一张脸”

被认为十分大胆而性感。

1913年前后，法国出现了第一批专门设计女性运动服装的设计师。其中著名服装设计师香奈尔（Chanel）设计生产了自己品牌的运动装。她采用柔软的棉质面料，在宽松内衣的基本结构上进行设计。

紧身内衣衰落的主要原因是当时横扫欧美的探戈舞热。因为有鲸骨架和镶边的紧身衣的束缚，所以女性实际上不可能伴着音乐跳舞。著名的美国黑人舞蹈家约瑟芬·贝克（Josephine Baker）发明了"舞蹈内衣"，并用她的自由和运动式的舞蹈做出了充分的证明。

今天的内衣先驱——乳罩在1913年前后第一次出现。1916年，英国《女士》杂志评论说："法国和美国女士们都戴它们，所以我们也应这样。"人们常将乳罩与组合式内衣一同穿。许多乳罩用丝绸和上等棉织物精制而成，并精心地配以饰物和绣花。

长筒袜也出现于20世纪初期，由早期形式的人造丝制作。这是真正意义上第一次各个阶层的女性都能享受到的、合适的豪华丝袜。当女性的裙子越来越短时，长筒袜也变得越来越重要，进而成为女性的生活必需品。

（2）化妆与配饰

1910年前后，女性广泛化妆，但总体风格是自然而不夸张。第一次世界大战期间，浓妆艳抹是不合时宜的。当时妇女化妆仅仅是抹上淡淡的口红并在眼睑上涂上少许凡士林而已，并无过分打扮，人人都希望以淡妆表示贞洁和清纯。而到了战后，这种观念有了变化，女性希望让自己看起来神秘和危险，因而眼影粉、猩红的嘴唇加泡泡头开始流行。

2 男子典型服饰及形象

第一次世界大战期间，军服为男子的主要服装。各种时装中也经常出现源于军服的款式细节，比如肩章、风箱褶口袋、帆布腰带等。此时男装的典型款式为防雨大衣（又称堑壕式外套）和粗毛呢大衣等。

三 时代偶像及人物

电影明星是大众心目中的时尚偶像，比如美国好莱坞的女明星葛洛丽亚·史潢逊（Gloria Swanson）、玛丽·皮克福（Mary Pickford）（见图11）、莉莲·吉许（Lillian Gish）等人。

第三节　1920 年至 1929 年服饰

一　时代背景

20 世纪 20 年代的整个社会成为多元化思想的大熔炉。第一次世界大战后，女性的社会经济地位得到改善，新女性们从闺房走入社会。在美国，人们涌到各俱乐部去倾听爵士歌手的演唱，在哈莱姆著名的“棉花俱乐部”，暴徒们与美国社会的精英们混在一起。在巴黎，美术家让·考克多（Jean Cocteau）、毕加索及设计师香奈尔等人一起合作制作了芭蕾舞剧“蓝色列车”。埃及古墓图坦加麦的发现也引发了一场关注埃及等各种东方事物的热潮。

20 世纪 20 年代是“装饰艺术”的年代。“装饰艺术”起源于美术领域，并立即在建筑、家具、织物、服装等其他领域风行起来。装饰艺术的特点是将曲线和直线、具象和抽象等相反要素结合起来，创造出简洁明快、强调机能的现代感。20 年代装饰艺术的影响遍布生活各个层面：首先好莱坞电影将其加以包装，以迷人的方式将其推销给观众。进而建筑也受到了这种融合现代主义、表现主义、立体主义的装饰艺术的影响，开始追求流线型的、简单的几何线条。纽约的洛克菲勒中心、帝国大厦，旧金山的金门大桥皆是当时的代表性建筑物。除此之外，人们生活中的服装、配饰、交通工具等皆有装饰艺术的痕迹。

二　典型服饰及形象

1 女子典型服饰及形象

（1）服饰

从战争阴影中走出来的人们希望忘记战争年代的物质匮乏和艰难，所以 20 世纪 20 年代成为无节制的年代。“年轻一代”穿上了新潮的服饰，有意显出他们颓废、兴奋和煽动的风格。

第一次世界大战后，女性的社会经济地位得到改善，由于战后男女比例严重失调，女性被补充到社会各部门，随之政治经济地位得到提高。这时，又一轮的女性解放运动开始了，新女性们从闺房走入社会。女性的服饰形象也发生了极大的变化。这个时期在服装史上被称作“女男孩”（La Garconne）时期。“女男孩”即指以巴黎为中心的女性服装男性化的趋向，以及这个时期女子崇尚男性服装化的风气。女性开始从身体形象和服饰装扮上否定自身的女性特征而向男性看齐，无视正统的叛逆少女们去男士理发店剪掉长发，穿上短裙（见图 12）。服饰呈管状造型，腰线下降，束以腰带。

此时女性服装开始出现套头装（Jumper-blouse）的款式，而不再仅仅局限于以吊带为主的女装。无论是裙装还是上衣，都有套头装的趋向。此外，由于水手装的流行，套头装的领口都被设计成水手装的形式。晚装中的裙子第一次被设计得好像日常装一样短小。设计师广泛使用“裸体暗示”，把重点放到裸体的联想上，长裙使用肉色或浅色，透明及半透明的面料大受欢迎，体现所谓的“第二层皮肤”。

在 20 世纪 20 年代，香奈尔首先展示了用普通平针棉织物做成的系列服装。她的尝试招来了嘲笑。但是在上市之后不久，香奈尔设计的优雅、舒适的服装甚至让原来最持怀疑态度的人都心悦诚服。

20 世纪 20 年代中期，男性化或平胸型的女性形象似乎已经达到了顶峰。下摆第一次被提高到膝盖以上，人们从来没有见到这么多的小腿部分暴露在外面。长筒丝袜常带有许多图案，在穿到膝盖以上后，

图 12 20 世纪 20 年代最时髦的女性。短短的裙子、剪短的头发、钟形小帽、涂墨圈的眼睛成了必要的时尚装饰。

图 13 20 世纪 20 年代的典型妆饰：齐耳短发、细而长的弯眉毛、突出唇峰的唇型

图 14 “永远的时装设计女王”香奈尔设计了简洁舒适的反传统的中性形象

图 15 维奥尼的作品

图 16 法国设计师吉恩·帕特的设计简洁、帅气，深受美国女性喜爱。

人们会用扣袜带扣住。早年的长筒人造丝袜是供给尚不富裕的人穿的，只有真丝袜四分之一的价格，不过它们很容易抽丝，使用寿命较短。

（2）化妆与配饰

在以平胸和瘦弱为美的同时，女性的化妆发型也与以前不同。许多女性把自己的眉毛完全剃除，再用眉笔画上细细的眉（见图 13）。眼影粉被广泛使用，假睫毛与防水睫毛膏也在这 10 年间被发明并且流行。另外，遮住一只眼睛也是这个时期的风气。女性晚上使用头巾、头带，白天则用设计特殊的帽子将一只眼睛遮挡。

在配饰方面，这个时期重视的是惊人的视觉效果，而不再是配饰本身的价值。长烟嘴及长珍珠项链在当时都非常流行。此外，一些带有典型装饰艺术风格图案的烟盒与粉盒也很常见。

2 男子典型服饰及形象

男性服饰仍然沿袭三件套的传统款式组合。值得一提的是，流行于 20 世纪 20 年代中期，源于英国的一种裤子。这种被称为“牛津袋”（Oxford Bags）的裤子十分宽大，宛如袋子一样，最早流行于牛津大学的学生之中。

三 著名设计师及品牌

1 加布里埃尔·香奈尔（Gabrielle Chanel，1883—1971）

被称为“永远的时装设计女王”的香奈尔是 20 世纪 20 年代最具代表的设计师（见图 14）。生于法国南部的她出身卑微，童年在孤儿院中成长，但凭着过人的才情和奇特的人生经历，成为 20 世纪最著名的服装设计师之一。自从 1910 年在巴黎开设帽子店以来，香奈尔的事业便如日中天地发展起来。1915 年，她创办香奈尔时装店。20 年代以后，她还成功地开发了系列香水。香奈尔是第一个将男人用作内衣的毛针织物用于女装、第一个改变以往将服饰品经济价值作为审美价值的设计师。她提倡朴素简练的服饰，勇敢地将晚装中规定的拖地长度缩短到日装长度。而她本人也是一个身材纤细、留短头发、喜欢穿着男友的毛衫和上衣的反传统的时尚女性。

2 马德琳·维奥尼（Madeleine Vionnet，1876—1975）

马德琳·维奥尼是与香奈尔同时代的设计师，也是香奈尔的长期对手。维奥尼是一个不喜欢宣传自己的设计师，受装饰艺术、东方艺术的影响很深，比如日本的和服款式、浮世绘等都出现在其设计之中。维奥尼对服装界最大的贡献就在于创造了独特的“斜裁法”，这种利用布料本身的斜向组织剪裁出飘逸、悬垂而又贴合人体的服装技术一直沿用至今（见图 15）。

3 吉恩·帕特（Jean Patou，1888—1936）

帕特喜欢将布料披在模特身上直接进行即兴创作，既是将自己的名字缩写作为礼品或服装标志的先驱者之一，也是第一个将异国模特儿（六个美国模特）带入巴黎的服装设计师。其设计风格简洁、素朴，同时透着一股帅气（见图 16）。

4 珍妮·朗万(Jeanne Lavin，1867—1946)

出生于法国的朗万设计风格优雅浪漫，其著名的设计有以绘画为题材的“绘画女装”等等，另外她拥有高超的手工印染技术，研制了来自中世纪教堂彩绘玻璃画的“朗万蓝”（以其名字命名）。

四　时代偶像及人物

除了明星和名流外，此时的时代偶像还有一种是运动员。1921年，法国网球冠军苏珊·兰玲（Suzanne Lenglen）代表了20世纪20年代的新女性，她全身上下都穿法国时装设计师吉恩·帕特设计的服装。中性外观是当时的时代信号，作为网球冠军的苏珊，短发、短裙的形象十分受欢迎。社会名流路易丝·布鲁克（Louise Brooks）也有着短发、消瘦的中性外形，这使她成为红极一时的时尚偶像。

第四节　1930年至1939年服饰

一　时代背景

1929年到1933年，为时四年的经济危机使西方各国遭受的经济损失不亚于第一次世界大战。已走上社会的女性又被迫回到家中，要求女人具有女人味的传统观念重新抬头。进入20世纪30年代，人们厌倦了模仿男孩子的女性服装的矫揉造作和缺乏女性美，转而追求更加具有女人性味的时装。因此，在这10年中，欧美出现了一个追求典雅、苗条时装的阶段。

电影在这一时期成为影响全球的文化产品，也成为主导和传播最新服饰潮流的载体。电影明星的影响力延伸至服饰、化妆、发式及仪态等方面。好莱坞拍摄的逃避萧条年代可怕和悲惨现实的幻想型影片，使得美国每周观看最新影片的观众总数高达8.5亿人以上，欧洲的观众人数也同样很庞大。电影大亨们通过媒介（例如电影杂志等）推销电影明星的服装款式、服装和化妆品等，并建议女性们怎样打造她们想要的形象。

服装设计师们运用能贴合身体并显示性感线条的柔软、优美的缎子和双绉面料，为好莱坞明星和富裕的上层社会顾客设计和提供其所渴望的服装款式。

二　典型服饰及形象

1 女子典型服饰及形象

（1）服饰

由于受到世界性经济危机的影响，女性重新回到家庭中，强调女性特质的传统观念又重新抬头。服装外形趋于纤细、修长，强调腰部和肩部（见图17）。成熟、优雅成为20世纪30年代女性的时尚潮流。女装的整体风格优雅、华丽，以背部为设计重点。在晚礼服中，背部大胆采用宽而深的“V”字领口，裸露面积很大，这成为此时女装的一大特点。

图 17 20 世纪 30 年代女装整体特点：风格典雅，设计突出胸部、腰部和臀部，通常是长裙与上衣的搭配。

图 19 夏帕雷利作品

图 18 20 世纪 30 年代的化妆：雕塑般的线条、弯月形的拱眉、曲折分明的薄唇，口红色彩空前丰富起来，唇形扩大，有着完美的眼线及长长的睫毛，眼影采用单色朦胧的晕染，以起到强化效果。烫发又成为时尚，披肩长波浪卷发最为时髦。

维奥尼简单而合身的剪裁方式在这一时期受到广泛的欢迎。她设计的长裙开衩简单，直垂而下；采用套头的穿着方式，无须系带；同时背部开得较低，着重突出颈部及背部裸露的线条，充满了一种高雅的性联想。伴随着这种背部裸露的着装风格，作为披肩的皮草也开始流行，甚至衍生成四季必备的装饰品。此外，这个时期的女套装和上衣一样，流行紧凑合身，配以腰带突出纤细的腰部。上衣的翻领通常较为宽大，颈线较低，裸露脖子成为时尚。

典型的20世纪30年代的打扮是：帽子、带有胸部装饰的衣衫、手套和手袋、典雅的紧身上衣和直身裙子组合，腰部纤细配以腰带，衬衣胸部有夸张的装饰，上衣的翻领通常比较宽大，而颈线比较低。

20世纪30年代后期，美国杜邦公司注册了第一个尼龙产品专利。尼龙纤维轻便、强度高且柔软，并能织出不同重量的纱线，其织物不需熨烫，挂起来可以很快晾干。它是制作乳罩的理想材料，而且在发明不久后，所有内衣中都出现了尼龙的痕迹。

（2）化妆及配饰

20世纪30年代的女孩子应该是苗条而具有女性特质的。在化妆方面，眉毛要描绘得精细而弯曲，眼影要用蓝色、棕色、紫色来配金色、银色，睫毛膏在当时很流行。面颊上要浅浅地上一层肉红色以突出自然感，而头发则要烫成典雅的长波浪式样，额前没有刘海，裸露出光洁的皮肤（见图18）。

在配饰方面，手套和帽子是淑女的必需装备。20世纪30年代初期的帽子还比较平，要用发卡固定在头发上。之后，帽子越来越复杂，产生了贝雷帽（Berets）、船形帽（Boaters）、钟形帽（Cloches）等。

2 男子典型服饰及形象

男性服饰变化不大，以三件套装束为主，男性外形强调挺拔和阳刚之气。

三 著名设计师及品牌

1 埃尔莎·夏帕雷利（Elsa Schiaparelli，1890—1973）

出生于意大利罗马的夏帕雷利与香奈尔、维奥尼并称为20世纪前期三大女中俊才，有“时装界超现实主义设计师”之称（见图19）。她于1928年在巴黎开设体育用品店，于1935年创办时装店。于1927年发布的黑色毛衣上加白色蝴蝶结领子的提花毛衣是其成名作。1935年，她提出用古典式垫肩强调肩部，恢复胸部曲线，让腰部回到自然位置的主张。夏帕雷利有极强的想象力，设计新奇大胆，甚至有点怪诞。她在用色方面也十分与众不同，虞美人色、绯红色、粉红色等强烈明艳的色彩都是她经常选用的。

2 尼娜·里奇（Nina Ricci，1883—1973）

出生于意大利的尼娜·里奇在时装界有着“服饰的雕塑大师”之称，作品以别致的外观、古典且极度女性化的风格为特征，深受优雅、富有的女性青睐。她于1934年开设时装店，她1937年的设计作品“危险的游戏”晚礼服为20世纪30年代后期流行的露背礼服设计树立了典范。

图 20 20 世纪 30 年代好莱坞的葛丽泰 · 嘉宝是红极一时的女性偶像，神秘、高贵、性感的气质是 20 世纪 30 年代的代表形象。

3 亚历克斯 · 格蕾（Alix Gres，1903—1993）

格蕾夫人于 1903 年出生在法国巴黎，是法国第一届金顶针奖获得者，有“布料雕塑家”之称。她于 1934 年创立了自己的时装店，作品风格独特，特别擅长采用柔软的布料制作优美的褶皱。

四 时代偶像及人物

好莱坞明星对女性时装起了巨大的作用。明星服装的仿制品可以在许多大服装店的“电影部”购买。在电影《一夜风流》中，女演员克劳黛特 · 考贝特（Clakdette Colbert）脱去外衣只剩下内衣的镜头，就引起了当时人们疯狂购买其仿制时装的潮流。

出生于 1905 年的葛丽泰 · 嘉宝（Greta Garbo）是 20 世纪 30 年代最著名的女明星和时代偶像（见图 20），出演的电影包括 1927 年的《肉与魔》、1930 年的《安娜 · 克里丝蒂》以及被称为她本人性格写照的《瑞典女皇》等。嘉宝以神秘、高贵、性感的形象被尊为“银幕女神”。细弯的眉毛、刮露出的闪亮眉骨、冷冷的眼神、弯曲分明的嘴唇，是 20 世纪 30 年代最具代表性的女性形象。

第五节　1940 年至 1949 年服饰

一　时代背景

1939 年，第二次世界大战爆发了，因此 20 世纪 40 年代被分为两个阶段，即战时和战后。第二次世界大战是人类历史上最惨痛的战争，导致无数人流离失所，甚至失去生命，给人类的精神和肉体带来了巨大的创伤。在第二阶段的战后时期，人们在战争期间被压抑的对美的追求迸发出来，这种需求引领着时尚界进入了一个真正的辉煌时期。

二　典型服饰及形象

1　女子典型服饰及形象

（1）服饰

20 世纪 40 年代是被第二次世界大战战火笼罩的时代。受到战争的影响，这个阶段服装的款式和设计都有了很大的变化。从 1941 年到 1945 年，外衣风格制服化（见图 21），裙子短而紧身，帽子则变得更加不同寻常。帽子的夸张，使女性头部形象与自然形式大相径庭，这是这个时期的突出变化之一。而整个服装设计的中心便是身体轮廓分明，所谓有棱有角，但同时又保持了 30 年代的典雅面貌。此外，由于耐穿耐磨，牛仔裤在这个时期开始流行。许多结实耐用的面料，例如棉、毛和亚麻也开始成为战争时期妇女的选择。

曾在巴黎获得成功的英国设计师回到英国，为女性官兵设计制服。在战争背景下，军队制服也成为时尚。此时的军服裙装短而紧身，合体而颇具战时的严肃感和纪律感，被权贵作为时装，百姓也随后趋之若鹜。

“新风貌”出现于二次世界大战以后（见图 22）。战争时期女装男性化的倾向，使得战后的女性转而十分憧憬优雅的曲线之美，希望突出女性本身的特质。法国时装大师迪奥适时地推出了一种全新的服装款式，其特点是平缓的自然肩线，腰部收紧，裙子宽阔、大摆、长至小腿，整体外形优雅，十分有女人味。不过“新风貌”的出现并未引来全场欢呼，英国的《图片时报》评论说：“毋庸置疑，这些新时装，对我们现在的生活和时代来讲，是完全不合时宜的……”

1946 年，两位法国设计师用三块布和四条带子制成了最新式的泳衣，用的布料不足 30 英寸（约 76.2 厘米），它甚至可以被捏起来塞进火柴盒。设计师对这款泳装所打的广告是：“比基尼：比全世界最小的泳装还要小的泳装。”这款泳装对世界造成的震撼并不亚于原子弹，于是设计师将其命名为“比基尼”（Bikini），因为马绍尔群岛的比基尼环礁正是美国进行原子弹试爆的地点。

（2）化妆与配饰

20 世纪 40 年代的社会要求女性显得比较温和，甚至中庸。女性化妆的重点在于显示青春的亮丽，眉型要画得稍显弧形，略略上挑。曾经有一阶段流行轮廓分明的红唇（见图 23），而后被典雅的淡妆和大眼睛取代。此时眼妆成系列化，包括画眼线、涂眼影、刷睫毛膏、修眉等，并且成为生活便妆的一部分。清新简洁的杏仁眼型成为当时的流行妆容。

图 21 第二次世界大战前期及战争中期，女装风格转向实用的男性化，装束类似军服，一时间军服成为一种时尚服饰。

图 22 迪奥于 1947 年推出的“新风貌”女装，其特点是平缓的自然肩线、收紧的腰部和宽阔的裙子，整体外形优雅，十分有女人味。

图 23 20 世纪 40 年代的典型形象：金发碧眼、性感而大胆的长发女郎。垂至肩部的大波浪、边分式头路、丰满性感的唇型，尤其突出眉弓的眉型。

图 24 20 世纪 40 年代一度极为流行的发式：一缕长长的卷发侧垂而下，遮住一只眼睛。这是当时正值 18 岁的法国女星米歇尔·摩根（Michelle Morgan）。

20 世纪 40 年代的流行发型是大波浪的烫卷（见图 24），前额顶用发胶固定高耸，有时后部呈“S”形，挽成各种不同的髻。

消瘦的女孩子不再受欢迎，这个阶段流行的是丰满的女性曲线美。此外，由于裙装日渐变短，腿部肌肤的裸露也就不可避免。由于丝袜的价格不能为所有女性所接受，于是女性用眉笔在腿上画出丝袜的缝线，或是在腿上涂抹化妆油来冒充穿着丝袜，这种方法变得十分普遍。

2 男子典型服饰及形象

20 世纪 40 年代，较为特别的男装是“阻特装”（Zoot Suit），这是一种受美国黑人爵士乐队影响的男装款式，其特点是上衣长及膝部、高腰、肩部宽大，下装裤口窄小，整体风格华丽。

三 著名设计师及品牌

1 克里斯蒂安 · 迪奥（Christian Dior，1905—1957）

迪奥于 1905 年出生于法国，于 1957 年去世。这位性格内向，喜欢发明、建筑和绘画的设计师，曾经是一名画商。破产后的迪奥以画服装和帽子设计图为生。1946 年，他创立了迪奥时装店。1947 年，他推出的“花冠”系列时装一鸣惊人，宣告了耸肩造型的女装时期的结束。新造型装具有独特的造型线，是一种有柔美的肩、丰满的胸和细腰宽臀的女性曲线造型。之后，迪奥不断推出女人味十足的各种造型女装，比如 1948 年春天推出的“Z”形、1948 年秋天推出的“W”翼形等等。迪奥在设计中不断追求服装外形的变化，总是推出别出心裁的独特外形来吸引全世界的时髦女性，在以后的整个 20 世纪 50 年代里，迪奥都是主宰世界时尚潮流的顶级设计师。

四 时代偶像及人物

20 世纪 40 年代的时代偶像之一是出生于瑞典的好莱坞明星英格丽 · 褒曼（Ingrid Bergman）。作为历史上唯一一个三次获得奥斯卡最佳女主角的女性，成熟典雅的英格丽 · 褒曼有着清高、卓绝和脱俗的气质，她出演了《美人计》《卡萨布兰卡》等诸多名片。英格丽 · 褒曼不爱佩戴首饰，是中性打扮的最早缔造者之一。

第六节 1950 年至 1959 年服饰

一 时代背景

战后全球经济迅速发展，人们的生活水平、物质水平均有较大的提高，也有了更多装扮自己的闲暇时光和金钱。1950 年，大西洋两岸开始出现乐观情绪，人们将在第二次世界大战中研制出来的先进技术充分整合，达到一个和平稳定的经济发展时期，进而开始建设未来的世界。

美国的工业经济产生出一个庞大而富裕的工作群体，他们的下一代也在发展着自己的理念。20 世纪 50 年代初期，十几岁的青年还在跟着猫王（埃尔维斯·普雷斯利，Elvis Presley）和其他歌手们的调子哼唱；而后期，摇滚乐就横扫了全世界。女摇滚迷们时兴穿着从纽约的迪奥“新风貌”款式发展而来的宽下摆裙子或网眼衬裙。

二 典型服饰及形象

1 女子典型服饰及形象

（1）服饰

迪奥所创造的“新风貌”，以其娇柔、优雅、高贵而性感的全新面貌，继续在 20 世纪 50 年代征服着所有女性（见图 25）。此时的女性服装，在廓型上追求的是柔软的线条，斜肩、滚圆的臀部及极为狭窄的腰部。在非正式的场合，女性穿齐腰的裙子，裙子加褶或者直身。到 20 世纪 50 年代末期，出现了模仿 20 世纪 20 年代的几何形式风气，裙子的长度短到膝盖以下一点点的部位。

此时的迪奥推出了腰身放松、以裙子为设计重点的椭圆形、郁金香形与“H”形，迪奥为现代女装去除了身上的紧身衣，强调了活动的自由与舒适的感觉，也奠定了现代女装朴素、简洁的着装格调。重整旗鼓的香奈尔在战后重新开业，以套装为主，剪裁优美、结松宽松、穿着舒适，与“新风貌”的设计要领有着极大对比，成为 20 世纪五六十年代最具影响力的品牌之一。另一位著名设计师巴兰夏加推出宽裙状上衣、垂直剪裁的半截裙等，直筒式连衣裙随后也赶上了这股改革新风气。

20 世纪 50 年代的巴黎代表了高级时装业的巅峰（见图 26）。迪奥、巴尔曼、香奈尔、巴兰夏加等人决定了巴黎时尚女性的形象。时尚摄影师则用雕塑般的镜头创造出“贩卖梦想而不是服装”的历史。一件高级时装，也许会缀上 50 万颗小粒的上等珍珠或是钻石，每一颗都由手工串起，面料供应商会贡献出他们最为特殊的面料，以向公众展示。这些被称为艺术品的服装，成为巴黎上流社会女性乃至全世界最富裕女性的最爱。巴黎的女性成为世界女性争先模仿的对象，包括她们的一举一动、穿衣搭配、生活习惯等等，巴黎的女性从来就是高贵、优雅的代表。

一种采用靛蓝色斜纹布缝制的裤子——牛仔裤开始风行天下，李维斯（Levi’s）公司在它的广告中宣称这种裤子“适合校园”，于是牛仔裤在美国的青年当中流行开来。到了 20 世纪 50 年代末，牛仔裤已经成为美国的时代象征。1958 年的一张报纸声称：“大约 90% 的美国青年到哪里都穿着牛仔裤——除了在床上和教堂里。”牛仔裤的流行在很大程度上还归功于好莱坞的明星们（见图 27），20 世纪 50 年代最著名的两位明星马龙·白兰度（Marlon Brando）和玛丽莲·梦露（Marilya Monroe）穿着牛仔裤出镜，大大推动了牛仔裤在世界范围内的流行。

1959 年，英国服装设计师玛丽·奎思（Mary Quant）推出的“迷你裙”，成为 20 世纪 60 年代富有个性的服装的典型范例。

（2）化妆与配饰

20 世纪 50 年代的女性是性感而成熟的，在人的独立意志力受到关注的年代，女人的脸部化妆也显示出了这种有个性的独特的性感味道。粗粗的有折角的眉毛，粗而挑高的眼线，都有一种极其挑衅的味道（见图 28）。人们为加强面部化妆，粉底打出好像晒过日光浴的古铜色效果，唇是橘红色的，而眼影

图 25 第二次世界大战后，人们的生活富足而休闲，女性服饰又开始变得优雅、有女人味起来。

图 26 20 世纪 50 年代是高级女装的黄金时代

图 27 牛仔裤的流行还要归功于年轻帅气的好莱坞明星们在电影中的推广

图 28 20 世纪 50 年代的时髦女性：烫发、打发蜡、浓睫毛膏、涂红的长长指甲、上挑的粗浓眼线

是银色的。复杂的头发色彩搭配受到欢迎，以便与“新风貌”的服装相搭配。不过当时的少女并不追求性感，而是希望看上去比较成熟。她们的外出服一律都是黑色的，甚至连头发和眼线也是黑色。头发长短皆有，但她们都梳成凌乱的大波浪。

2 男子典型服饰及形象

20 世纪 50 年代，英国出现了一种被称为“泰迪男孩”（Teddy Boys）的服饰形象（见图 29）。十几岁的年轻男孩穿着细窄的长裤、瘦长的西服，打着领结，梳着油光光的头发。这种一切行动都非常自我的年轻男孩形象也被称为“流氓青年”或者“无赖青年”。

三 著名设计师及品牌

1 克利斯托巴尔·巴兰夏加（Cristobal Balenciaga，1895—1972）

巴兰夏加是 20 世纪 50 年代与迪奥齐名的设计师，他发明了全新的裁剪技术，在服装结构与造型设计中有许多革新和创举。1895 年出生于西班牙的巴兰夏加特别擅长女装设计，他于 1951 年发布的阿拉伯风格的斗篷式大衣、1951 年推出的美国海军学生式制服（完全无腰身）和 1952 年推出的背部宽松式套装等都引起很大的轰动。其作品以雕塑般的艺术造型而著称，他喜欢以茶黄色和暗赭红色为主调。虽然与迪奥一样喜欢追求独特完美的服装外轮廓，但巴兰夏加的设计特点是放宽肩部，解放腰身和臀部的柔和的外形，与迪奥的强调腰身和裙子的富于量感的造型概念有较大的差异。

2 皮尔·巴尔曼（Pierre Balmain，1914—1983）

巴尔曼出生于法国，是一个追求高雅、时髦的贵妇人形象的设计师（见图 30）。他认为，女装设计师终生的基本任务是使妇女们能够穿得舒适、美丽、自然、有魅力、有教养。巴尔曼一直坚守自己的设计理念，即对自然的、符合形体的线条的永远不变的热爱。

3 霍伯特·德·吉旺希（Hubert de Givenchy，1927—2018）

吉旺希是 20 世纪 50 年代时装界的神童，他 1927 年出生于法国，曾经与巴兰夏加一起创立 B&C 这一品牌，并共同倡导简洁合体且具有青春活力的服饰风格。而后，吉旺希延续了巴兰夏加沉着稳重、高贵典雅的设计风格——不粗、不俗、不艳，永远保持一种和谐的美。吉旺希的成功还得益于他与著名影星奥黛丽· 赫本（Audrey Hepburn）的长期合作关系，他担任了赫本多部电影的服装设计，包括《巴黎恋人》《蒂凡尼的早餐》《妙女贼》等等。

4 杰奎斯·法斯（Jacques Fath，1912—1954）

法斯是另一位活跃于 20 世纪 50 年代巴黎时装舞台的年轻设计师，两人都有“时装界神童”之称。他 1912 年出生于艺术世家，16 岁成为股票经纪人，1951 年开设自己的时装公司。法斯没有受过正规的服装设计训练，却有着与生俱来的艺术才华。其品牌虽然仅仅延续了三年，但仍然有很多作品让我们今天都津津乐道。

图 29 20 世纪 50 年代著名的“泰迪男孩”服饰形象

图 30 皮尔 · 巴尔曼作品

图 31 性感、大胆、天真、美艳的玛丽莲 · 梦露是 20 世纪 50 年代的性感女神

四　时代偶像及人物

这一时期，好莱坞男女明星们再一次充当时尚的领头羊。不过 20 世纪 50 年代是两种截然不同的女性偶像并存的年代，这就是性感美艳的玛丽莲・梦露（见图 31）和清纯优雅的奥黛丽・赫本。

1929 年出生于比利时布鲁塞尔的奥黛丽・赫本清纯而优雅，她以百老汇音乐剧《GIGI》征服好莱坞，更凭借着 1953 年的电影《罗马假日》获得奥斯卡最佳女主角。1961 年的《蒂凡尼的早餐》将她的事业推向巅峰。赫本的典型标志是齐眉的童花刘海儿，总似未出嫁的女孩。奥黛丽・赫本的着装影响了整整一代人的审美趣味，无论银幕上下，她在举手投足之间总能折射出令人叹服的优雅与美感。她的童花式发型、卡普里长裤、黑色的高领毛衣和平底浅口鞋，长期以来被视为高贵与时髦相结合的完美典范，引领着一代又一代的时尚潮流。好莱坞清纯、优雅的明星还有后来成为摩洛哥王妃的格蕾丝・凯丽（Grace Kelly），她创造了当时的一种典雅潮流。

金发碧眼、嘴唇性感、身材娇美的梦露则是另一种时尚——性感、大胆、天真、美艳的代表。这个出生于 1926 年、从孤儿院出来的姑娘红透整个好莱坞。在美国乃至整个西方世界，玛丽莲・梦露这个名字几乎是无人不晓。她的容貌、身姿、举止被一代代女星模仿，她是几十年来最著名的性感女神。

1935 年 1 月 8 日，诞生于美国密西西比州的猫王是 20 世纪 50 年代的超级偶像，他永远地改变了流行音乐的模式。如果说摇滚乐为年轻一代提供了节拍，那么猫王就让这节拍走向疯狂，让摇滚乐解放了人们的身体。同时猫王的大鬓角和飞机发型也被无数年轻男子效仿。

第七节　1960 年至 1969 年服饰

一　时代背景

20 世纪 60 年代是一个变革的年代，变革及创新体现在社会的各个方面。全世界掀起了一场空前的“年轻风暴”，紧张和虚无笼罩着人们，战争后“垮掉的一代”逐渐成长、成熟。人们的心态具有强烈的叛逆心理，崇尚刺激、享乐和性自由的颓废派出现了。美国出现了“嬉皮士”一族（见图 32），这些沉醉于爵士乐、性和麻醉品的青年人以非暴力的形象表现他们对传统的不满。

人口众多的年轻一代正在崛起，新的社会价值观正在形成，各种反传统的叛逆思潮正在蔓延，此时的时装潮流和人们的穿着观念也发生了全新的变化。各种类型的街头服饰，如迷你裙、喇叭裤、牛仔裤、男女均可穿着的新潮服饰成为当时最流行的时装。

二　典型服饰及形象

20 世纪 60 年代在文化上是“反文化的时代”，而在服装设计上，这个时期也可用“天翻地覆”来形容。这 10 年中，高品位的典雅时装已经不再被推崇，年轻人追求的是标新立异和与众不同的新设计。

1 女子典型服饰及形象

（1）服饰

20 世纪 60 年代，主张“反文化”、反潮流、反权威的年轻女性们喜欢追求惊世骇俗的表现，比如有流苏边饰的服装、宽大的喇叭裤、刻意营造自然味道和民族情调的衣裙。这些服饰或激烈、或邋遢、或破破烂烂、或披披挂挂。

迷你裙是当时时装上的一个重要突破，着重体现一种少女风貌。在这种审美取向的驱动下，女性流行异常瘦削的身材，不穿戴内衣，仅用短小的裙子搭配连裤袜及平底靴，以体现自身的青春气息。此外，由于受到 1961 年人类首次进入太空这一事件的启发，设计变得非常几何化，以黑白色为主的未来风格服装开始流行（见图 33）。

迷你裙是由伦敦年轻的设计师玛丽·奎思针对具有反叛精神的青少年推出的短得不能再短的裙子，这种造型新颖、风格明快的款式很快受到年轻人的欢迎，成为 20 世纪 60 年代最流行的服装款式之一（见图 34）。1965 年，玛丽·奎思把裙摆提高到膝盖以上 4 英寸（约 10.16 厘米），这种裙子也就短得不能再短了。虽然安德烈·古雷基（Andre Courreges）称“我才是迷你裙的发明者”，但人们还是将“迷你裙之母”的桂冠戴在了玛丽·奎思头上。

战后成长起来的一代年轻人发泄着对现实的不满，他们热衷于参加民权运动和反战运动，希望回到原始的群居生活，喜欢一切自然界、民族性的东西，从而形成了所谓的“嬉皮士”和“嬉皮士服饰”。在衣着上，嬉皮士们喜欢五颜六色的土耳其长袍、阿富汗外套、具有异域风情的印花图案、彩色的串珠等，这些服饰配上反潮流的装扮，如喇叭裤、二手市场淘来的旧军装、花边衬衫、金丝边的圆眼镜等，便形成了嬉皮士的反叛形象。嬉皮主义运动事实上是在一种怀旧的情绪中展开的，它以反文化和反物质主义为指向，试图将服装带回到一个更加自然的状态。

波普时装则与波普文化以及艺术家安迪·沃霍尔（Andy Warhol，1928—1987）密切相连。自 20 世纪 60 年代开始，安迪·沃霍尔就将取自大众传媒的图像，如坎贝尔汤罐、可口可乐瓶子、美元钞票、蒙娜丽莎像以及玛丽莲·梦露头像等作为基本元素，重复排列在画面上，制成一幅幅前卫艺术品，以特有的单调、无聊和重复，准确地击中了当代商业文明中某种冷漠、空虚、疏离的现实。这些波普艺术品从局部颠覆了人类文化在 20 世纪 60 年代的某种价值体系，使我们长期尊重的艺术观念突然变得一钱不值了。作为波普艺术的先驱人物，安迪·沃霍尔用纸、塑胶和人造皮革所做的时装“实验”，给 20 世纪 60 年代的时装界带来很大的启发和影响。

20 世纪 60 年代流行男女通用的服装，即不分性别的服装款式，如男女通用的长袖衬衣、牛仔装、平跟牛津便鞋等，深受青年一代的喜爱，是当时的时髦服装。

1968 年，巴黎的全国总罢工直接打击了巴黎的高级时装业，此时高级时装的顾客数量锐减。高级时装业的跌落，给了高级成衣更大的机会，“时装民主化”带动了高级成衣业的发展壮大。年轻的设计师以反传统的革命精神扭转了历史的潮流和过去的服饰观念，同时年轻女性也不必紧盯高级时装这个指挥棒，从此流行进入一个多样化的时代。由于高级成衣价格比高级时装低得多，而剪裁和工艺技术部分继承和保留了高级时装的特点，同时用料又比一般成衣讲究，因此很受年轻女性的青睐。

图 32 嬉皮士们喜欢五颜六色的土耳其长袍、阿富汗外套、具有异域风情的印花图案、彩色的串珠等

图 33 20 世纪 60 年代穿着最时髦服饰的女模特们

图 34 玛丽·奎思设计的迷你裙

（2）化妆与配饰

那些追随时装的年轻人抛弃了 20 世纪 50 年代的曲线，转向象征 20 世纪 60 年代的高瘦型的苗条身材。女性的化妆重点则着力突出皮肤、嘴唇自然的颜色，基本看不出涂过唇膏的痕迹。眼睛则要着意刻画，眼影要重，眼影膏涂很多层，当时非常流行使用假睫毛。此外，花朵是主要的装饰品，无论是真花还是塑料花都很受欢迎（见图 35），特别是玛丽·奎思设计的塑料雏菊。因太空时代的出现，许多科幻色系的化妆品被生产出来，如银蓝眼影，白色、黄色的口红（见图 36）。头发在这个时期与以往非常不同，流行一种叫作“五点剪”的发型，这种短发的造型类似宇航员的头盔，将女性柔弱的脖子体现了出来。

2. 男子典型服饰及形象

20 世纪 60 年代，流行乐队披头士（Beatles）的着装打扮在男性中十分流行，尤其是他们穿着的剪裁合体的窄身上衣和瘦腿裤子。此时的男性典型服饰中，上衣和裤子都比较紧身，比较长。男士们喜欢留长头发和胡须。当时流行的裤子是牛仔裤，流行的上衣是皮装和卡其色棉夹克。

三　著名设计师及品牌

1 伊夫·圣·洛朗（Yves Saint Laurent，1936—2008）

圣·洛朗 1936 年出生于阿尔及利亚，他十分擅于将时装与其他现代艺术相结合，并将各民族文化融入服装设计和创作之中（见图 37）。他设计的作品华丽、明快，具有迷人的色彩和浓郁的诗情画意。他喜欢将黑色、宝石蓝、鲜红、紫色进行搭配。他在当时设计了一系列新潮的服装，包括著名的长裤装、具有非洲探险风格的英国式上衣、半透明的套装，以及以男式无尾晚礼服为原型设计的裤装女式晚礼服——这一男装女穿的成功改造令当时的人们大开眼界，成为时尚圈内风行一时的新宠。

2 安德烈·古雷基（Andre Courreges，1923—2016）

古雷基是 20 世纪 60 年代以前卫风格著称的设计师。他 1923 年出生于法国，曾经是著名设计师巴兰夏加的门徒。他喜欢从经典男装中借用灵感，作品线条简洁，款式单纯而抽象。他还是 20 世纪 60 年代“宇宙时装”（Space Age Look）的发明者。1965 年，他推出了“白色梦幻”系列，用浅色和明快的面料设计服装，具有宇宙服的显著特征，帽子、眼镜和手套也都与之相配，给人一种前所未有的神秘感和未来感。其后的成功之作还包括 1969 年的“未来时装”（Couture Future）和 1969 年以古埃及服饰为灵感所设计的时装系列等。

3 皮尔·卡丹（Pierre Cardin，1922—2020）

1922 年出生于意大利的皮尔·卡丹也是 20 世纪 60 年代不得不提的设计师之一，其作品以简洁、独特的造型闻名。他 23 岁投奔到设计师帕库茵夫人门下，于 1950 年开始自己的独立设计。1953 年，他设计的第一个春季时装系列，叛离了当时时装霸主迪奥和巴兰夏加的设计风格，从而赢得世人的注意。1958 年，他又设计出了国际上第一个“无性别服装系列”（Unisex Collection），还于 1959 年设计了法国第一个批量生产的成衣时装系列。

图 35 20 世纪 60 年代化妆界的法国大革命：假睫毛被重叠使用，下睫毛刷出泪印，粗犷的眼线和眼部双层眼影使眼眶更显深邃，唇型厚而丰满。此为英国版《Vogue》杂志于 1964 年推出的全新花朵彩妆造型。

图36 由于受到20世纪60年代的“视幻艺术”的影响，女性形象也出现了时髦的几何视幻效果——直而短的几何形假发、眼部的化妆、悬垂的大耳环等。

图 37 伊夫 · 圣 · 洛朗与模特在自己的时装专卖店前的合影

图 38 著名模特崔姬 20 世纪 60 年代的时尚形象：假扮的天真、婴儿般的小酒窝、浓密的假睫毛（上下均涂）、睁大的双眼、男孩一样的单薄身材

四　时代偶像及人物

身高 1.67 米，体重只有 82 斤的崔姬（Twiggy）（见图 38）是时尚界的经典传奇人物，她 17 岁时成为最具知名度的模特。这位频频出现在各种报纸、杂志上的超级模特从来不走秀，并在 20 岁时便正式结束了自己的模特工作。不过在短短四年的时间里，她已经成为 20 世纪 60 年代最有影响力的模特。出现在媒体上的崔姬穿着色彩鲜艳的超级迷你裙，露出笔直的大腿，看起来有点笨拙，但是有种少年人特有的纯真无邪——她甚至纯洁到了没有胸部曲线、没有腰线、没有臀线的地步。崔姬带来与以往截然不同的审美观，她被英国媒体塑造成一个反叛的形象，成为所有想摆脱一成不变的家庭主妇生活的女人们的偶像：自由、独立、没有曲线的形象成为新一代职业女性的象征。

披头士乐队的四个年轻人不仅创造了美妙绝伦的音乐，而且把摇滚乐带到每一个普通人中间，然后，又把所有热爱摇滚乐的人们与摇滚乐、摇滚文化一起推向未来。他们青春俊美的形象、直梳的草菇发型、剪裁合体的窄身上衣，都成为迅速蔓延的流行风暴。

第八节　1970 年至 1979 年服饰

一　时代背景

如果说 20 世纪 60 年代是以“阿波罗登月”为代表的探索年代，那么 70 年代则充满了怀旧味道。20 世纪 70 年代是一个社会经济状况和人民的社会情绪均不稳定的时代，此时的服装舞台亦呈现出一片混乱的状况。年轻人是社会最活跃、最敏感的群体，他们追求着装的个性化，且利用服饰来表达自己的独特个性，拒绝商业味的时装。

二　典型服饰及形象

“反时装”是 20 世纪 70 年代时装设计的一个观念，无论是廉价的成衣还是高级时装，长短随意，穿着自然，不受时装规范的约束。于是，象征着平等、无差距感的牛仔装（尤其是牛仔裤）作为这个时期的象征，成为西方各个阶层人士的穿着选择。而在中产阶级中，自然的材料和自然美受到推崇，棉、亚麻、毛等织物广受青睐，卡其色、沙色、砖红色等中性色彩受到推崇。另外，受到美国黑人“恶俗”音乐（Funk Music）的影响，耀眼且布满装饰的衬衣，意大利式的紧身丝绸裤、黑色丝巾、黑色的皮大衣、厚底鞋都非常受人欢迎。在这股风潮中，褪色、破烂的牛仔裤开始出现，并且演变成喇叭裤（见图 39）、紧身裤及水桶裤等不同的裤型，各种色彩也开始被引入牛仔的设计中。

在重视个性、自我的潮流之下，时装亦变得多样化。飘逸的长裙成为新焦点，剪裁宽阔的长裤及喇叭裤成为潮流新典范，带有缤纷的东方色彩的宽身设计迅速流行。

图 39 20 世纪 70 年代流行的宽大的喇叭裤

图 40 “朋克”服装的特点是奇异怪诞，吸引了一大批追求自我表现的年轻人。其典型装束是装饰金属别针、拉链等的黑色皮夹克，五彩的面部妆容和染过的头发。

1 女子典型服饰及形象

（1）服饰

20 世纪 70 年代的“民族风貌”服装是东西方文化结合的产物，也是时装文化走向多元化、全球化的表现。西方服装大量地吸收和借鉴东方服饰中的精华，如印度、阿富汗、日本、中国等。

“民族风貌”服装的特点是宽松、肥大，一般采用直线裁剪，不强调服装的合体性，打破西方服装传统的立体式结构特点。服装的整体外观松散、不定型。

朋克（Punk）文化爆发于 20 世纪 70 年代后期，是一次社会的、文化的和视觉的革命，被认为是英国对战后文化的最具原创性的贡献。当时的英国面临着经济危机、工人失业等诸多社会问题，朋克们用简单的和弦，表达简单的情感；用粗俗明了的语言，诉说人性的美丑。朋克来源于英国的艺术学院中独特而富于韧性的文化，源于“自由地研究”的文化自由态度，是一种鼓励个性的思潮。朋克男女们穿上磨出窟窿、画满骷髅和美女的牛仔装，男人们梳起鸡冠头，女人则把头发统统剃光，露出青色的头皮。他们在鼻子上穿洞挂环，在身上涂满靛蓝的荧光粉（见图 40）。

（2）化妆与配饰

20 世纪 70 年代的女性利用化妆和服饰打扮来表达自己的独特个性。“自然美”是这个时期提出来的口号，女性化妆一般不使用过于艳丽的色彩，润肤油和皮肤色的眼影油最为常用，指甲油也都使用透明、无色的。头发式样注重层次，明亮而健康。苗条的身段与古铜色的肌肤意味着有时间与经济基础参与户外运动，是优越生活的象征，因而非常流行（见图 41）。此外，夜生活的打扮与白天大有不同，妆面要艳丽动人，讲求纤细的眉毛，染色的睫毛，并用两三种眼影晕出浓黑眼眶、立体式眼睑，

图 41　健康、自然的小麦肤色，金色的长波浪发型是当时的时尚，也是优越生活的象征。

图 42　20 世纪 70 年代的化妆一改以往点、线式手法，采用大块色彩晕染的块面式画法。

图 43　20 世纪 70 年代，流行歌手喜欢女性化的服饰装扮。

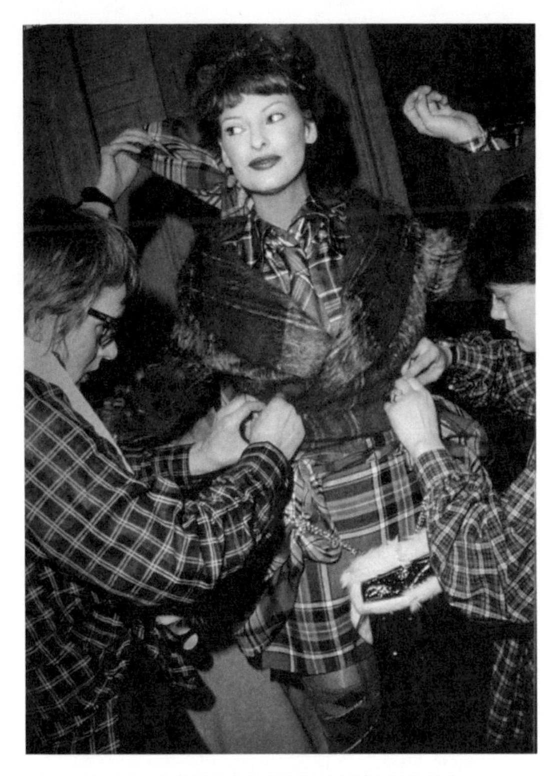

图 44　极力地强调胸部和臀部是韦斯特伍德设计的特点

颊影的大块面渲染使脸更有立体感（见图 42），亮粉质的化妆品大受欢迎，同时注重发型。

2 男子典型服饰及形象

1979 年，好莱坞影片《油脂》的放映孕育出舞蹈和健美热潮，同时也引起了男装中的“迪斯科装束”（Disco Dress）风潮。所谓的迪斯科装束是指大大的外翻领衬衣、上部较小而裤口较大的长喇叭裤和深浅不同的拼皮皮鞋。

20 世纪 70 年代，男性乐队中还出现了一种女性化的服饰装扮，他们在舞台上留着长长的头发，穿高跟鞋，着女性的服饰，甚至还化彩妆（见图 43）。最具代表性的流行歌手是英国的大卫·鲍威（David Bavie），其雌雄同体的服饰造型影响甚广。

三 著名设计师及品牌

1 维维安·韦斯特伍德（Vivienne Westwood，1941—）

韦斯特伍德被称为“朋克”时装女王，是 20 世纪 70 年代的代表设计师之一（见图 44）。其设计大胆、离奇，敢于向传统挑战，向商业化的高档时装挑战，因而很受青年人的欢迎。1941 年出生在北英格兰的韦斯特伍德是朋克运动的领军人物，在 20 世纪 70 年代的时尚舞台上扮演了一个极为重要的角色。她与马尔科姆·麦克拉伦（Malcolm Mclaren）共同创作的朋克系列服装，不仅给当时的朋克青年以外表上的定义，更将他们的情绪“煽动”到一个难以抑制的高潮。1976 年的“奴役”服装系列展示会充满了黑色的皮革和橡胶面料，并用别针、皮带、拉链、金属链等饰物进行装饰。1979 年，她又推出了大量的拆边 T 恤，并将下臀部分设计成开放的状态。

2 高田贤三（Kenzo Takade，1939—2020）

1939 年出生于日本的高田贤三，以东方人的表现方式，巧妙地融合欧洲、非洲、中国、日本等多种异域元素而立足于巴黎时尚界。他大量使用和服的造型和面料，并不时地注入中国、印度、非洲、南美等其他民族的服饰精髓，形成了宽松、舒适的时装特点。其服装轻松、富有朝气、愉快而幽默，这种充满异域风情且无拘无束的服装倾向，刚好满足了 20 世纪 70 年代年轻人经常外出旅行的着装需要。另外，他喜欢大量地使用棉布，并以直线裁剪带来穿着的舒适感，还喜欢使用高纯度的原色搭配。

3 三宅一生（Issey Miyake，1938—）

三宅一生是一位以和服为基础，向西欧传统服饰文化挑战的日本设计师。他喜欢平面的直线裁剪，并且对褶皱情有独钟，不断对褶皱面料进行实验与开发（见图 45）。三宅一生的褶皱服饰不只是装饰性的艺术，也不只是局限于方便打理，设计师还充分考虑了人体的造型和运动的特点，直接依照人体曲线或造型需要来调整裁片与褶痕。这种与西方美学及成衣传统截然相反的满含东方神秘主义的褶皱服饰，一下子获得了欧洲人的疯狂追捧。

20 世纪 70 年代是日本设计师崛起的年代，他们将东方文化带进了一贯由西方人统治的时装领域。

图 45　三宅一生的褶皱服饰满含东方神秘主义色彩，获得了欧洲人的疯狂追捧。

图 46　有着厚嘴唇、大眼睛、卷头发的黑人摇滚歌星黛安娜 · 罗斯至今还活跃于欧美流行乐舞台

图 47　法国女明星凯瑟琳 · 德纳芙

除了以上两位设计师，森英惠也是活跃于 20 世纪 70 年代世界服装设计舞台的日本设计师。

四　时代偶像及人物

20 世纪 70 年代，黑色风暴席卷全球，黑人女明星凭着自然的卷发、健康热情的形象吸引了大众。黛安娜 · 罗斯（Diana Ross）（见图 46）、贝弗莉 · 约翰逊（Beverly Johnson）、唐耶勒 · 卢娜（Donyale Luna）等都是红极一时的黑人偶像。

在欧洲，法国女明星凯瑟琳 · 德纳芙（Catherine Deneuve）（见图 47）领导了典雅的时尚，成为法兰西式贵族化品位的象征。这位女演员在 1964 年凭借电影《瑟堡的雨伞》一举成名，有着惊人的美貌和典雅的气质，是绅士们的最爱，也是富家女子纷纷效仿的对象。

第九节　1980 年至 1989 年服饰

一　时代背景

20 世纪 80 年代，“回归自然、保护环境”成为全球性的话题，人们越来越关心环保问题，关注人类的健康问题。与之相对应，时装领域也出现了“回归自然”的潮流。另一方面，时装潮流趋于多元化。高收入阶层人士追求高档名牌，热衷于高级女装。而年轻消费者打扮前卫、追求个性，不拘于传统审美与着装观念，以表现自我为出发点。

二 典型服饰及形象

1 女子典型服饰及形象

（1）服饰

职业女性随着女权运动而走上社会并独立自主，讲究理性和休闲的双重心态使此时的时尚呈现鲜明的分类。流行色以中性色为主角，黑色是职业装里的主色调，而棕色就成了休闲类服饰的主色调。女装的款式比较宽松，且多呈“H”形和梯形。内短外长的层叠穿法十分流行，针织类与棉制品互为配搭，功能错落交替，使服饰呈现无序的丰富视觉效果（见图 48）。

20 世纪 80 年代是高级女装的高潮时期，这些奢华昂贵的高档时装迎合了部分社会上层人士的心理需求。传统的高级女装品牌，如迪奥、纪梵希等再一次受到热烈欢迎。

在经历了 20 世纪 60 年代的反叛、70 年代的疯狂以后，人们渴望过上正常的生活。富足的人们开始对奢华物品、高级享受显示出了十足的热情。在服饰装扮上，人们则喜欢显示权威、力量的服装，并加上严肃的垫肩来提高整体形象的权威感。女性雅皮士的典型装扮是宽垫肩的外套、短而紧身的裙子和讲究的高档衬衣。手提袋是必需品，用以象征女性的身份及权威感。

与雅皮士风貌相对的是另一种全然不同的服饰形象，即所谓的“破烂装”。这种服饰的流行要归功于 20 世纪 80 年代活跃在世界时装舞台上的日本设计师，其中尤以川久保玲、山本耀司等为代表。他们的设计打破华丽高雅、精致的传统审美观念，而有意创造出粗糙、“寒酸”的细节，如粗糙的针脚、毛边等，因此被称为“破烂装”。打破传统的“破烂装”无论从造型、款式细节，还是着装方式等方面均有特别之处。

另一方面，受黑人音乐和黑人时装的影响，运动服及健身服在这个时期也开始更为广泛地流行（见图 49）。黑人青年用宽大如袋的裤子搭配运动衣，头戴篮球帽，并且佩戴沉重的金属项链及饰物，这种穿戴方法在年轻人中风靡一时，这就是后来越演越烈的嘻哈风潮。

不分男女的内衣，例如印花的拳击短裤，内裙和缝脚在外的短裤在 20 世纪 80 年代出现，在颜色、形状和衣料上与某些正在销售的运动服装一样。其中大多数内衣品牌都带有著名设计师的名字，如卡尔文・克莱恩（Calvin Klein），这也是此时时髦内衣的标志之一。

（2）化妆与配饰

20 世纪 80 年代，白领女性继续突出自然美，她们面部的化妆材料都是透明的，以显示出皮肤的色彩和光泽。在颜色上，这个时期流行色彩与自然混合，眼影色彩、颊部粉色、粉底等都采用自然混合和自然过渡，看不出上妆的痕迹（见图 50）。此外，这个时期还出现了所谓的“永久性”化妆，就是把眼眉、眼线、唇线做纹体刻画。同时，整形手术的产生与发展使女性开始使用科学的方式改变自身的形体。

2 男子典型服饰及形象

男性服饰在此时得到了很大的发展，传统的西服套装形象由于众多风格各异的男装品牌的出现而呈现出多样化。此时的男装开始花哨和有趣起来。

20 世纪 80 年代的雅皮士风貌在男女服饰中均有体现。男性雅皮士的典型装扮是双排扣的老式西装（主要品牌有阿玛尼、雨果・波斯和拉尔夫・劳伦），其特点是在价格不菲的西便服袖肘处镶拼一块椭圆形皮质补丁。

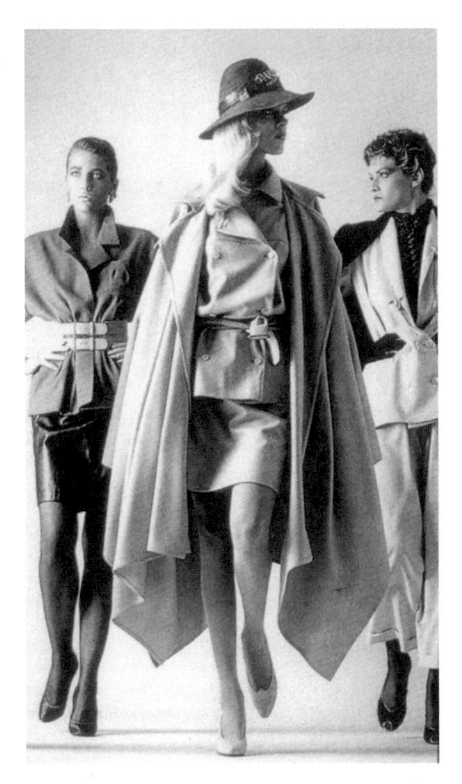

图 48　20 世纪 80 年代是女强人的时代，线条硬朗的职业套装是代表性造型，厚厚的垫肩是女装的必需品。

图 49　崇尚健康的 20 世纪 80 年代，健美的身材、突出的三围、健康的古铜色肤色是美的标志。

图 50　图中为 20 世纪 80 年代最著名的两位超级模特。从中可以看出此时女性的化妆特点：自然的眉型、温和的眼影，整体线条柔和。

图 51　阿玛尼设计的女装

三 著名设计师及品牌

1 乔治 · 阿玛尼（Giorgio Armani，1934— ）

意大利设计师崛起于 20 世纪 80 年代，阿玛尼是代表人物之一。1935 年出生于意大利的阿玛尼将“朴素雅致”作为自己时装设计的座右铭。阿玛尼是最为成功的意大利商业服装品牌，这个名字自 20 世纪 70 年代以来一直与优雅、简洁、含蓄等词汇联系在一起。20 世纪 80 年代，阿玛尼的名字成为考究和休闲的代名词。阿玛尼缓和了男装的保守与刻板，同时又加固了女装的结构，使男装和女装在裁剪工艺上达到某种共通。他的女装克制而性感，阴柔但有力度，从无过度的暴露与张扬（见图 51）。阿玛尼一直坚持在高档之中保持一贯的优雅和低调，运用流畅的线条和中性的色彩。他特别善于将男装设计精髓用于女装，而他最著名的男装则是 1980 年理查 · 基尔（Richard Gere）在影片《美国舞男》中穿的米色套装。

2 詹尼 · 范思哲（Gianni Versace，1946—1997）

与阿玛尼的优雅低调相比，范思哲的设计则华丽、炫目，十分性感（见图 52）。20 世纪 80 年代，范思哲的第一件金属网眼服面世，媒体的评价是：“它就像滴落的水银，随着女人优美的曲线流向全身。”此后的范思哲品牌一直都坚持这种耀眼、华丽、性感的设计风格，即使在范思哲本人离开人世以后也是如此。

3 让 - 保罗 · 戈尔捷（Jean-Paul Gaultier，1952— ）

戈尔捷 1952 年出生于法国，在 1976 年首次举办成衣发布会，推出了令人惊叹的“先锋派”时装。他的出现搅乱了时装界，保守者叫他“恐怖的坏孩子”，杂志则称他为“巴黎的错误”。其作品以奇、异、怪、绝著称，将平民百姓衣饰的设计元素融入高级时装的设计主流，演绎出一种源自街头、充满迷幻色彩的时尚风格（见图 53）。戈尔捷著名的设计包括水手服的条纹衫、带有朋克风格的高级女装、将胸部做夸张处理的内衣外穿式时装，以及男女反性别着装等。

4 山本耀司与川久保玲（Yohji Yamamoto，1943— ）

山本耀司与川久保玲这两位日本设计师也为时尚界带来了别样的风情。1943 年生于日本的山本耀司主张用披挂和包缠的方式来装扮女性，他认为布料的肌理和宽松舒适的样式比色彩更重要。因此他偏爱黑色，他的服装几乎都是宽松的样式，而没有强调人体线条的紧身设计。同样酷爱黑色的川久保玲也直言自己对黑色的偏爱：“黑色是舒服的、有力量的和富于表情的，我总是对拥有黑色感到很舒服。”她的设计大胆打破华丽高雅的女装传统审美习惯和着装常识，造型十分特别。

四 时代偶像及人物

物质女孩麦当娜（Madonna）（见图 54）在 1983 年刚刚出道时即以带有挑逗意味的超短裙、袒露的小腹、刺猬般的染发和杂乱无章的首饰令街头的女孩们兴奋不已。以街头坏女孩形象一炮走红之后，

图 52 意大利设计师范思哲的设计华丽、炫目，十分性感。

图 53 让－保罗·戈尔捷设计的带有朋克风格的高级女装，大量使用黑色皮革和金属链。

图 54 20 世纪 80 年代，“物质女孩”麦当娜以粗俗而性感的“坏女孩”形象一炮而红。

图 55 温婉典雅的英国王妃戴安娜是 20 世纪 80 年代高级女装的主要客户，也是高级女装的绝好代言人。

她又以齐整的波浪状金发、时髦昂贵的服装、貂皮披肩以及钻石首饰向她心中的偶像玛丽莲·梦露致敬，并以“物质女孩”的称号开创了在时尚界呼风唤雨的新局面。一时间，假钻饰、廉价的人造皮草成为时髦女孩的必备装束。麦当娜在性方面大胆的态度和超性感的展现总能引起公众的一片哗然。

典雅而温婉的英国王妃戴安娜（Princess Diana）（见图 55）以羞怯的笑容和柔弱的声音征服了大众。她高贵而温柔的形象深入人心，她的发型和化妆成为 20 世纪 80 年代大众的模仿对象。作为王室女性的完美典范，戴安娜的每一次亮相都能构成时尚界的盛大事件，她的衣着、首饰、言谈、举止等无一不是人们津津乐道的话题。以美貌和富有爱心著称的戴安娜为高级时装内外双修的穿着定义做出了完美的诠释。

童星波姬·小丝（Brooke Shields）在 11 个月大时即成为《白雪》杂志的模特，5 岁在商业片中露面，12 岁拍摄电影处女作《雏妓》，14 岁凭借电影《青春珊瑚岛》轰动一时。波姬·小丝的浓眉被 20 世纪 80 年代的女性争相效仿。

第十节　1990 年至 1999 年服饰

一　时代背景

1990 年至 1999 的 10 年间，全球政治、经济格局发生了翻天覆地的变化，如苏联解体、东欧剧变和欧洲共同体统一市场的建立等。一个新世界在形成的同时，文化呈现出多元化的趋向。时尚潮流也是如此。传统法国高级时装品牌纷纷从国外聘请新生代的年轻设计师，国际时尚舞台上出现越来越多的非白人面孔。

20 世纪 90 年代是一个百花齐放的年代，此时的高科技已经开始在各方面广泛应用，社会处在空前的高速运转中。随着科技的发展，人们开始越来越关注生存的环境等问题。从 20 世纪 80 年代的奢华之中走出来，人们进入了一个提倡节俭和注重环保的时代。此时的服装界，一批欧洲新设计师崭露头角，主流的时尚是提倡解构与简洁主义，同时环保风令自然色衣料流行起来，而东方情结也成为一股主流文化。

二　典型服饰及形象

1　女性典型服饰及形象

（1）服饰

简单的服装，或称简约主义、极限主义服装是整个 20 世纪 90 年代的时尚主流。细条纹布料是男女都喜欢的面料。日装变化不多，颜色鲜艳的夹克、连裤装、比较窄的裙子、套头装都很普及。晚装的变化相对较大，更加强调女性的特点，浪漫、妩媚、诱人，皮肤暴露的部分更多，身体被包裹得更紧贴，很多薄的皮革、人造材料被采用来达到诱惑的效果。

20 世纪 90 年代的人们有着极强的生态学意识，因而回归自然成为一种潮流。各种未经染色的本色原棉、原麻、生丝成为维护生态者的最佳服装素材，表现植物与土壤的自然色（如绿色、棕色等）一直很流行。不矫揉造作的线条出现于休闲风格的服装中，内衣外穿和无内衣化倾向体现了人们对自然的人体美的推崇。

简约主义之所以能在 20 世纪后期成为时尚的主流，与这一时期盛行的健美健身运动是互为因果的：女人们再也不需要用隆胸、束腹等一系列手段来折磨自己了。相反，她们希望以简洁的衣服来衬托自己姣好的身段和结实的肌肉（见图 56）。卡尔文・克莱恩设计的一系列具有运动感的时装，恰到好处地顺应了这股潮流。对于忙碌的美国人而言，购买这样的服装不失为一个既得体又实惠的选择。而后这股简约之风得到了全球范围的认同，欧洲设计师也开始简约起来。

20 世纪 90 年代，国际时尚界对东方文化表现出了极大的关注，尤其伴随香港回归中国这一世纪盛事的到来，世界时装范围内的“中国风”大起，“中国娃娃”成为人们最喜爱的流行形象。一些大牌的设计师们纷纷在自己的发布会中用各种方式诠释自己的中国风格服饰（见图 57）。

（2）化妆与配饰

此时的女性追求自我独立、积极、健康的个人形象（见图 58），形象设计理念的推出，使美能在不同时空和心境下被刻意营造出来。这个时期，自然美被认为是真正的美。头发干净整齐，皮肤润滑光泽而有弹性，身体健康，是社会普遍认为的美的形式。化妆方面依然努力营造“自然”的特色，许多面霜和粉底都是无色透明的（见图 59），而对防晒、皮肤湿润度的要求则越来越高。此外，这个时候的发型也走向自然形态，追求质朴而简单的感觉。20 世纪 90 年代的化妆品空前丰富，出现以白色为主的眼妆和唇彩、晶亮的粉底与眼影，亮光的产品成为又一时髦标记。

2 男子典型服饰及形象

20 世纪 90 年代的“简约”和“中性”风潮不仅仅体现于女性服饰方面，此时的男装也是如此。在许多女设计师将男装的款式、风格、色彩、面料用于女装之中时，男装却并没有因此而大量借用女装的元素，而是坚持了男装一贯的简洁、利落的风格。尤其是随着健美和健身运动的兴起，男装设计中出现了简洁并且比较紧身的设计，来表现男性结实健康的体魄。20 世纪 90 年代，网络科技所催生的一代年轻新贵们，在着装上表现出了对传统价值观的反叛，这些家财万贯的年轻男性喜欢穿牛仔裤和运动球鞋，服饰越来越没有贵贱之分。

三　著名设计师及品牌

1 卡尔文・克莱恩（Calvin Klein，1942—）（见图 60）

如果说 20 世纪 80 年代是意大利设计师的天下，那么美国设计师则在 20 世纪 90 年代获得了极大的社会认可，卡尔文・克莱恩便是代表性人物之一。卡尔文・克莱恩 1942 年出生于美国纽约，毕业于著名的美国纽约时装学院（F.I.T）。“极简风格”是他在设计上的“注册商标”，他以中性色调和中性款式创造了一种纯净、性感、优雅的 20 世纪 90 年代都市风格。卡尔文・克莱恩的设计及时顺应了 90 年代的简约潮流，获得了美国女性的青睐。不仅如此，他的长裤女套装、T 恤式的连衣裙以及紧身的牛仔裤等，都体现出一种基本的美国风貌：既前卫摩登，又大方别致。20 世纪 90 年代中期，他推出的时装融日本

图 56 20 世纪 90 年代的卡尔文 · 克莱恩时装广告，以简洁的服饰来衬托出人们姣好的身段与结实的肌肉。

图 57 20 世纪 90 年代，“中国风”成为文化的主流，越来越多的东方元素频繁地出现在主流设计师的设计中。

图 58 20 世纪 90 年代的理想形象：中性化的五官和脸型、身形笔直、不修饰的发型。简约形象在 20 世纪 90 年代风靡一时，人们追求简洁的着装、简洁的化妆、简洁的色彩、简洁的装饰等。

图 59 女性开始追求自然美，喜欢淡雅妆型，不过这种“不化妆”的自然美效果也是精心创造出来的。

前卫时装与美国传统运动服的风格于一体，体现出一种极具现代性的性感。总之，卡尔文·克莱恩是“美国时尚”的代表人物。“美国时尚”现代、极简、舒适、华丽、休闲又不失优雅气息，这也是卡尔文·克莱恩的设计哲学。他的成功之处还在于为时装在广告上的使用开创了超越时装范畴的理念，比如选用当时走红演员波姬·小丝所道出的牛仔裤的广告语“Nothing between me and Calvin Klein”（在我和卡尔文·克莱恩之间什么也没有），在传播性感和神秘的同时也传递出了产品的舒适性程度。当全世界已经对身材丰满、高大的模特开始厌倦但又想不出别的理念时，他推出了凯特·莫斯这类身材矮小、具有普通人容貌特征的模特形象，一下子赢得了所有女人的心。

2 拉尔夫·劳伦（Ralph Lauren，1939—）（见图 61）

拉尔夫·劳伦1939年出生于美国，最早以推销领带为生，1967年推出以马球“Polo”命名的丝质领带，以其宽大的造型和鲜艳的色彩一炮走红。拉尔夫·劳伦的产品可以被看作是幻想与现实的结合，设计灵感主要来自英美上流社会、西部传奇、旧电影、20世纪30年代的棒球运动员以及当时的贵族阶层等。他的设计保持着美国东部生活的显著特点，展现出一片田园贵族式的生活画面。这些用料上乘、款式大方、穿着舒适的服装深得美国富人的喜爱，从而成为有钱、有闲阶级的着装标志。

3 唐娜·可兰（Donna Karan，1948—）（见图 62）

作为一名女设计师，唐娜·可兰一直根植于纽约特有的生活模式，她的设计灵感也都源于纽约特有的都市气息、现代节奏和蓬勃活力。她的品牌吸引着以纽约为代表的现代都市生活方式的向往者，是最成功的成衣品牌之一。唐娜·可兰对黑色的钟爱体现在她追求舒适、讲究质感的设计理念上。从黑色毛衣、黑色礼服长裙到黑色茶具，我们都可以看出她的色彩倾向。这种设计融合了她对于快节奏大都市生活的理解和感悟，也与她创造既朴实无华又高贵优雅的世界性时装的初衷相吻合。

4 约翰·加里亚诺（John Galliano，1960—）（见图 63）

加里亚诺是20世纪90年代的代表设计师之一，其设计灵感来源丰富，创造力无穷，作品充满戏剧性。1961年出生于直布罗陀的约翰·加里亚诺毕业于伦敦圣马丁艺术学院，其毕业设计在发布会上即引起轰动，并被著名的布朗斯时装店全部收购。从此，加里亚诺便成为时尚界和媒体的宠儿。1987年，加里亚诺赢得了全英设计师大奖，第二年获得巴兰夏加奖，后来又成为著名品牌迪奥的设计总监。加里亚诺以超凡的敏锐，将古典素材融进当今的技术和材料之中，并运用复杂的裁剪技术，创造出不俗的视觉效果。

5 亚历山大·马克奎恩（Alexander McQueen，1969—2010）（见图 64）

同为圣马丁艺术学院的毕业生，马克奎恩也是一位天才设计师。丰富的想象力、独特的表现方式，使他成为20世纪90年代最有创意的服装设计师。马克奎恩天马行空的想象总能让他的时装展如同时装本身一样让人惊艳。

图 60 以简约风格著称的卡尔文 · 克莱恩将中性色彩、中性的面料和中性的款式应用于其品牌的男装和女装中，这也是 20 世纪 90 年代的服饰主导潮流之一。

图 61 拉尔夫 · 劳伦的设计一贯保持了美国东部田园贵族的风格，在休闲舒适的背后还有浓重的贵族气质，是有钱并且有闲阶层的最爱。

图 62 一直以来都标榜自己“来自纽约”的女设计师唐纳·可兰的设计中弥漫着浓烈的都市气息，其品牌“DKNY”吸引着众多的现代都市生活的向往者。

图 63 约翰 · 加里亚诺的作品有着强烈的视觉冲击，其设计灵感来源丰富，并充满了戏剧性。

图 64 亚历山大·马克奎恩的设计更加天马行空，可以说他是 20 世纪 90 年代最具创意的设计师。

图 65 中性、瘦弱、平凡、神秘，并不完美的“缺憾美”使凯特·莫斯成为全球最瞩目的明星模特。

四　时代偶像及人物

20 世纪 90 年代，好莱坞玉女明星风光不再，异军突起的是天桥上的超级模特。超级名模凯特·莫斯（Kate Moss）是 90 年代的性感偶像（见图 66），中性、瘦弱、平凡、神秘，并不完美的“缺憾美”符合 90 年代的审美。这个英国女孩第一次做模特，便被英国杂志《The Face》大幅报道。她几乎为所有的大牌设计师做时装表演，其中最成功的合作则是与卡尔文·克莱恩签订的逾 400 万美金的合约。她中性的样子多次出现在 CK 香水、牛仔、内衣的广告中，完美地诠释了“CK One”和“CK Be”的中性味道。

思考题

1. 20 世纪之初的“S”形女装的主要特点是什么?
2. 试说明 20 世纪 20 年代流行的“女男孩”形象的服饰特点及其产生的社会根源。
3. 试分析 20 世纪 20 年代的代表设计师以及他们的设计特点。
4. 试说明“新风貌”出现的历史背景和款式特点。
5. 为什么 20 世纪 50 年代被称为“形的年代”?
6. 试举例说明 20 世纪 70 年代服装中的“民族风貌”。
7. 试分析 20 世纪 90 年代简约主义服饰产生的社会背景及其主要特点。
8. 试列举 20 世纪 90 年代的代表设计师以及他们的设计特点。

西方服饰廓型演变一览表

公元前 1300 年公主服饰

公元前 440 年女士服饰

公元前 150 年旅行者服饰

25 年女士服饰

1160 年—1165 年法国男士服饰

1185 年法国女士服饰

1300 年—1325 年英国男人服饰

1310 年—1315 年西班牙女士服饰

1390 年勃艮第女士服饰

1393 年法国男士服饰

1395 年西班牙女士服饰

1510 年德国贵族服饰

1514 年德国贵族服饰

1547 年英国王子服饰

1630 年英国女士服饰

1635 年英国士兵服饰

1692 年英国女士服饰

1692 年英国绅士服饰

1733 年法国女士服饰

1790 年法国绅士服饰

1790 年英国女士服饰

1820 年英国女士服饰

1822 年德国绅士服饰

1830 年德国女士服饰

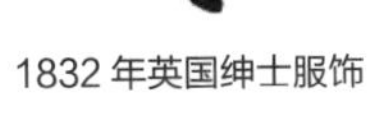

1832 年英国绅士服饰

1879 年英国女士服饰

1880 年英国绅士服饰

1895 年美国绅士服饰

1899 年美国商店店员服饰

1904 年英国绅士服饰

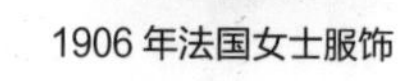

1906 年法国女士服饰

1925 年法国女士服饰

1932 年法国女士服饰

1944 年法国女士服饰

1947 年法国女士服饰

1949 年美国男士服饰

1954 年英国女士服饰

1956 年英国男士服饰

1956 年英国女士服饰

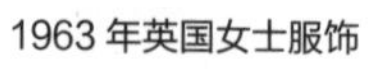

1963 年英国女士服饰

1970 年法国男士服饰

1977 年意大利男士服饰

1978 年英国女士服饰

1980 年意大利女士服饰

第二部分

中国服装艺术史

第一章

CHAPTER 1 先秦服饰

本章主要内容：本章主要讲述夏、商、周的奴隶制社会时期的服饰。这一历史时期对中国历史而言非常重要而关键，此时建立起了奴隶制的文明社会国家，人类脱离了原始社会的野蛮状态，并且到后期基本确立了封建制度，开始了中国历史上的封建社会时代。

先秦时期的服装和社会的大变革有着不可分割的依存关系。先秦时期是中国古代服装形成与服装制度建立的重要时期，这一重要历史阶段形成的服装也为先秦以后至清末几千年封建时代服饰制度的发展和演变奠定了基础。

建议学时数：2

第一节　社会背景与服饰制度

一　时代背景

夏、商、周三个朝代，从公元前 21 世纪开始至公元前 771 年结束，前后约 1300 年。这个时期，我国进入了奴隶制社会。奴隶制社会比起原始社会来是社会的巨大进步，但是奴隶主残酷的统治也使得夏、商两朝末年的统治更为腐朽。奴隶主阶级为了稳定内部的秩序，制定了以国王的冕服制度为中心的章服制度。而与之相应的一般服装，也随着历史的演进，有了进一步的发展。

公元前 770 年，周平王即位，中国历史进入春秋时期。以公元前 475 年为界，前 300 年左右为春秋，后 250 年左右为战国。这个时期正是中国由分裂走向统一，由奴隶社会走向封建社会的时期。春秋晚期和战国时期是中国古代文化的繁荣时期，形成百家争鸣的局面。生产力的发展也促使这时期的科学技术有了长足的进步。“礼治”制度从而走向崩溃，奴隶社会政治体制亦随之解体，社会传统观念的改变马上在服饰文化中反映出来。

二　服饰制度

奴隶社会把国王称作天子，以国王的冕服为中心，逐步发展形成章服制度。夏、商两代已有冕服，奴隶主贵族穿冕服举行祭礼（见图 1）。

冕服由冕冠和礼服组成，夏代称冕冠为“收”，周代称其为“爵弁”。夏代的冕冠是泛红的黑色，形状前小后大；商代的冕冠是发白的黑色，形状前大后小；周代的冕冠是泛红的黑色，形状前小后大。国王在举行各种祭祀活动时，根据典礼的轻重，分别穿六种不同款式的冕服，总称“六冕”（见图 2）。

大裘冕（王祀昊天上帝的礼服）与中单、大裘、玄衣、纁裳配套。纁即浅红色，玄即青黑色，玄与纁象征天与地的色彩。上衣绘日、月、星辰、山、龙、华虫六章花纹，下裳绣藻、火、粉米、宗彝、黼、黻六章花纹，共十二章。

衮冕（王的吉服）与中单、玄衣、纁裳配套，上衣绘龙、山、华虫、火、宗彝五章花纹，下裳绣藻、粉米、黼、黻四章花纹，共九章。

图 1 冕服各部分名称说明图

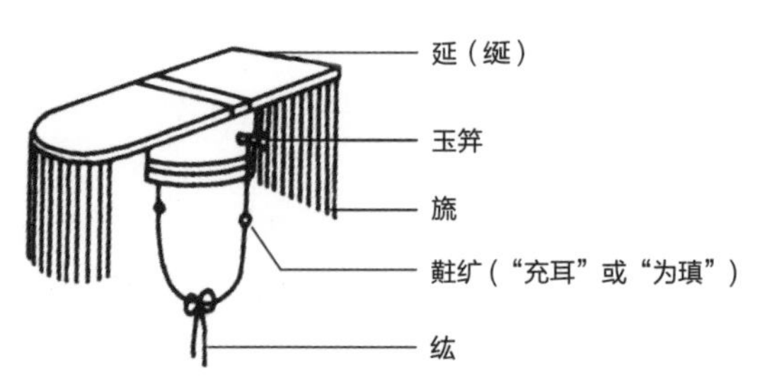

图 3 “冕冠”的分析图

大裘冕

衮冕

鷩冕

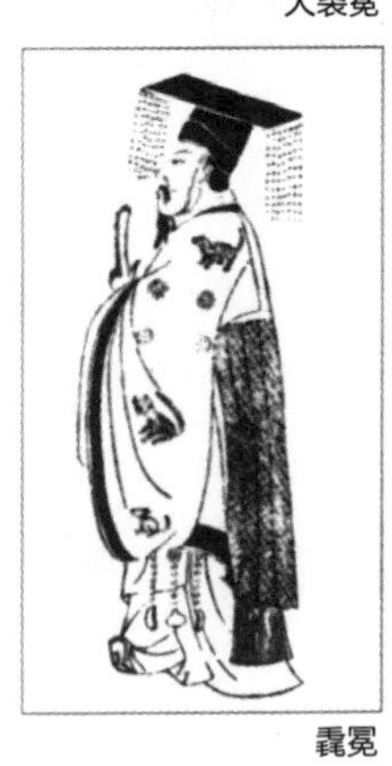

毳冕

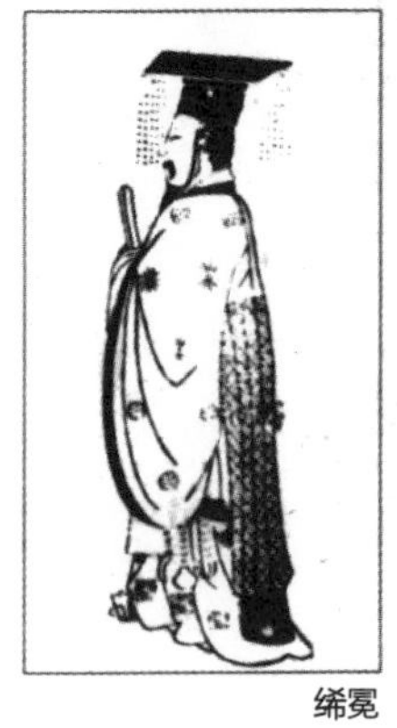

絺冕

玄冕

图 2 “六冕”

鷩冕（王祭先公与飨射的礼服）与中单、玄衣、纁裳配套，上衣绘华虫、火、宗彝三章花纹，下裳绣藻、粉米、黼、黻四章花纹，共七章。

毳冕（王祀四望山川的礼服）与中单、玄衣、纁裳配套，上衣绘宗彝、藻、粉米三章花纹，下裳绣黼、黻二章花纹，共五章。

絺冕（王祭社稷先王的礼服）与中单、玄衣、纁裳配套，上衣绣粉米一章花纹，下裳绣黼、黻二章花纹。“絺”是“绣”的意思，絺冕故上下均用绣。

玄冕（王祭四方百物的礼服）与中单、玄衣、纁裳配套，上衣不加章饰，下裳绣黻一章花纹。

此外，“六冕”还与大带、革带、韨、佩绶、赤舄等相配，并根据穿着者身份地位高低，在花纹等方面加以区别。

冕冠的基本款式是在一个圆筒式的帽卷上面，覆盖一块冕板（称为“延”或“綖”）。冕板后面应比前面高出一寸，使之呈向前倾斜之势，象征国王应关怀百姓，冕的名称即由此而来。冕板以木为体，上涂玄色象征天，下涂纁色象征地。冕板前圆后方，也是天地的象征。前后各悬十二旒，用五彩丝绳穿成。帽卷左右两侧各开一个孔纽，用来穿插玉笄，使冕冠能与发髻相插结。从玉笄两端垂黈纩（用黄色丝绵做成的球状装饰）于两耳旁边，它也被称为“为瑱”或“充耳”，表示国王不能轻信谗言。至上横贯左右而下的是一条纮，即长长的天河带。冕冠的形制世代相传承，历代皇帝不过是在承袭古制的前提下，做一些更改（见图3）。

周代王后的礼服与国王的礼服相配衬，也像国王冕服那样分成六种规格，分别为袆衣、揄狄（也作“翟”）、阙狄、鞠衣、展衣、禄衣、素纱。其中前三种为祭服，袆衣是玄色加彩绘的衣服，揄狄青色，阙狄赤色，鞠衣黄色，展衣白色，禄衣黑色。揄狄和阙狄上用彩绢刻成雉鸡之形，加以彩绘，缝于衣上做装饰。六种衣服都以素纱内衣为衬。女性的礼服采用上衣与下裳不分的袍式，表示妇女应情感专一。

第二节　典型形象及服饰

一　男子服饰

1 男子典型形象

商周以来的传统服装，一般为襦、裤、深衣、裳配套，或上衣下裳配套。裳穿于襦、裤、深衣之外；裤为不加连裆的套裤，只有两条裤管，穿时套在胫上。

周代服饰大致沿袭商代的服制，衣服的样式比商代略宽松。衣袖有大小两式，领子通用矩领，腰间系带，有的还在带上挂有玉制的饰物，领、袖、襟、裾均有缘饰，肩上有披肩。

周代男子的服装款式特点为右衽、窄袖，长至脚踝，腰间佩束带的较多，也有衣长与坐齐的，有时也配合平顶帽穿戴。

春秋战国时期，由于征战频繁，军人服饰得到了改革，上衣下裳制被废除，传统的套裤被改成前后有裆、裤管连为一体的裤子。此种服饰也融入了劳动人民的日常穿着之中，而社会上层人物依然保持宽襦大裳的服饰风格。此外，当时还流行深衣和胡服，一般为短衣、长裤和革靴，衣身瘦窄，便于活动。

2 男子典型服饰

（1）深衣：深衣是上衣与下裳连成一起的长衣服。人们按规矩在裁剪时仍把上衣与下裳分开来裁，然后又缝接成长衣，以表示尊重祖宗的法度（见图４）。

（2）袍：袍也是上衣和下裳连成一体的长衣服，但有夹层。夹层里装有御寒的棉絮。在周代，袍是一种生活便装（见图５）。

（3）襦：襦是短式袍，即比袍短一些的棉衣。如果是质料很粗陋的襦衣，则被称为“褐”。褐是一般百姓穿的粗布短衣。

二　女子服饰

1 女子典型形象

妇女主要有上衣下裳制和深衣制。

2 女子典型服饰

（1）曲裾深衣：不同于上衣下裳，曲裾深衣是一种上下连在一起的服装，属于深衣的一种，有“续衽钩边”的特点。

（2）袍：袍分为直裾袍和曲裾袍。古人一般多穿直裾袍，袍式长者曳地，短者及踝，袍裾沿边均镶锦缘（见图６）。

（3）禅衣：禅衣和锦袍样式基本相同，即前身、后身及两袖各为一片，每片宽度与衣料本身的幅度大体相等。右衽、交领、直裾、衣身、袖子及下摆等部位均平直。领、袖、襟、裾均有一道缘边，袖端缘边通常用两种颜色的彩条纹锦镶饰。

二　服饰品

1 男子典型佩饰

（1）舄履：商周时代的男女穿一样的鞋，有赤舄、黑舄、素履、葛履四种形式。履为单底，舄为双底，素履用白丝绸制作，葛履是夏天穿着的用葛布制作的鞋子。

（2）腰饰带钩：商周时期的腰带多为丝帛所制的宽带。西周晚期至春秋早期，华夏民族将铜带钩固定在革带的一端上，只要铜带钩勾住革带另一端的环或孔眼，就能把革带勾住。因其使用非常方便，又很美观，所以人们就把革带直接束在外面。带钩的材料有玉、金、银、青铜、铁。在制作工艺上，除雕镂花纹外，人们有的在青铜上镶嵌绿松石，有的在铜或银上鎏金，有的在铜、铁上错金嵌银，即金银错工艺（见图７）。

图 4　湖南长沙出土的战国楚墓中的帛画。该男子头戴峨峨高冠，冠带系于颌下，身穿大袖袍服，衣襟盘曲而下，形成曲裾。这是典型的深衣样式。

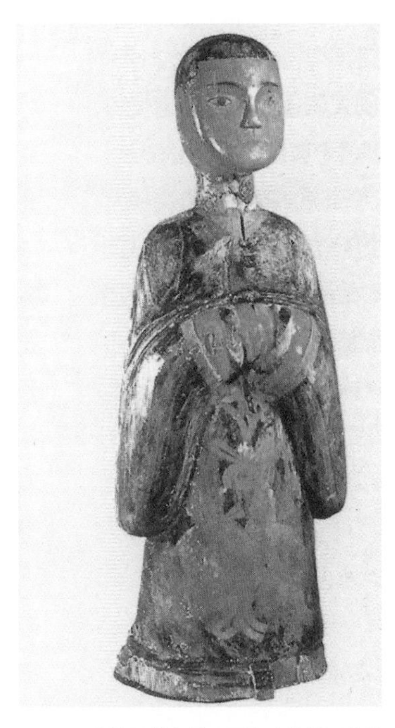

图 5　河南信阳长台关 2 号出土的战国楚墓中身穿袍的彩绘人俑

图 6　湖南长沙陈家大山出土的楚墓帛画。女子脑后挽髻，身穿宽袖紧身曳地长袍，袖子呈袋状，上绘卷曲纹样。这种服装一般采用轻薄、柔软的质料制成，另在领、袖等主要部位绣一道厚实的深浅相间的条纹锦缘，具有强烈的装饰效果。

图 7　河南安阳出土的妇好墓中的商代玉人：头戴卷筒式冠巾、身穿交领窄袖衣华丽服装。腰束宽带，腰带压着衣领下部，衣长过膝。腹部悬有一块长方形“蔽膝”。下穿鞋。左腰插有一卷云形饰物，似乎是佩带着一种刀剑之类的武器。

2 女子典型佩饰

首饰和佩饰是服装中最具光彩的组成部分。这个时期的首饰和佩饰除形式的装饰美和材质的珍贵之外，也带有礼教表征德操和社会等级地位的内涵，工艺技巧则发展到更加精美的程度。

典型佩饰主要有原始社会普遍使用的固定发髻的笄，多为木笄、玉笄、竹笄，以及梳理头发或是插在头发上做装饰的梳篦。春秋战国的梳篦，背部呈圆弧形，身部有对称纹饰。此外，这个时期还有耳饰、颈饰、臂饰、指环等饰品。

思考题

1. 何谓深衣?
2. 先秦女子典型服饰有哪几种?
3. 曲裾袍有何特点?

第二章

CHAPTER 2
秦汉服饰

本章主要内容：本章主要介绍秦汉时期的服饰制度和典型服饰形制。秦汉时期是中国封建社会初步巩固发展的时期。秦始皇建立了中国第一个统一的、多民族的中央集权国家。刘邦建立的汉朝，社会经济的发展也推动了文化的进步，内外交流日益活跃，衣冠服饰日趋华丽。秦汉时期最具代表性的服装就是袍服，当时社会遵循“以袍为贵”的原则。秦汉时期的袍服一般多为大袖，袖口收缩紧小，交领，下摆造型多变化。汉代妇女的服装沿用前代服制，以深衣为主，日常多着上襦下裙，庶民百姓多为上襦下裤。与前代相比，装饰水平大大提高。

建议学时数：2

第一节　社会背景与服饰制度

一　时代背景

公元前 221 年，秦始皇统一中国，建立了中国历史上第一个统一的中央集权封建大国。秦统一后，实行了许多巩固统一的措施，在历史上起到了积极的作用。虽历时仅 15 年，其历史地位却非常重要，为后来汉民族的形成与经济文化的发展创造了有利条件。

两汉时期，各民族间联系紧密，经济文化得到进一步的交流和发展。汉朝是一个鼎盛的时代，与西域的文化交流也极为频繁。汉武帝曾两次派使者出使西域，开辟丝绸之路。

220 年，东汉灭亡，汉代历时 400 余年，这个时期是中国封建社会处于初步巩固发展的时期。衣冠制度也历经了从秦代不守旧制、不守周礼到东汉重定服制、尊重礼教的过程。

由于征战引起的动乱，各诸侯国间交往活动频繁，各国服饰变化也都在交互影响和优选过程中得到改革，以适应时代生活的节奏。

二　服饰制度

秦汉帝王的服饰制度沿袭战国时期的冕服制度，其中又融合诸侯各国服饰文化，并以“六冕”为制度的基数。其基本形制成为中国历史上传统帝王的典型帝服，沿用至明代。

秦汉仍遵循古代帝王臣僚参加重大祭祀典礼时戴冕冠的规章。凡戴冕冠者，都要穿冕服。冕服由玄衣、纁裳组成。中单素纱，红罗襞积，革带佩玉，大带素表朱里，两边围绿，上朱锦、下绿锦，大绶有黄、白、赤、玄、缥、绿六彩，小绶有白、玄、绿三色，三玉环，黑组绶，白玉双玉佩，佩剑，朱袜，赤九、赤舄，组成一套完整的服饰。据汉朝制度规定：皇帝冕冠用十二旒，质为白玉，衣裳十二章；三公诸侯七旒，质为青玉，衣裳九章；卿大夫五旒，质为黑玉，衣裳七章；通天冠为皇帝的常服，其衣为深衣制。

朝臣职官品第的区别主要在冠式，其中，旒冕、长冠（即刘氏冠）、委貌冠、皮弁冠为祭服冠。通天冠原指楚庄王通梁祖缨；秦时采楚冠之制，为乘舆所服；至汉代为百官于月正朝贺时所戴，天子也戴此冠。委貌冠与古皮弁制同，戴此冠时，穿玄端素裳，行大射礼于辟雍，公卿诸侯、大夫行礼者戴之。皮弁冠与委貌冠制同，戴此冠时，上着缁衣、皂领袖，下着素裳。执法者戴法冠。汉代宫廷侍卫武官戴武冠，并在帽上加黄金珰 、玉蝉等装饰，还戴一条貂尾做装饰品。廷尉、大司马将军戴鹖冠。宫殿门吏、仆射戴却非冠，其制如长冠。司马殿门卫士戴樊哙冠。此外还有远游冠、高山冠、建华冠、爵弁等。

秦汉以前，庶民或卑贱执事者束巾而不戴冠。至汉代，巾才开始被上层士大夫家居所用，汉末文人与武士更以戴巾为雅尚。帻类似于巾，是套在冠下覆髻的巾，秦汉武将喜戴红帻，文官穿便服常戴帻。幅巾是当时居士老叟、文人雅士的普遍装束，上层人士的头巾为黑色。汉代，白色头巾为官员免职后或平民的标志，官府中的小吏和仆役们也戴白色头巾。帻至汉代被改进成帽子，为头顶上方可盖住发髻的高顶，四周的围沿整齐，颇似近代的无檐帽，有长、短耳之分。帻上加发冠，也有将头巾和帻合戴，因此出现了平巾帻、介帻、平顶帻、冠帻等。

第二节　典型形象及服饰

一　男子服饰

1 男子典型形象

百姓束发髻或戴小帽、巾，也有人戴斗笠、穿交领，衣长至膝，衣袖窄小，腰间系巾带，脚穿靴鞋或赤足，裤角卷起或扎裹腿，以便劳作。服饰总体仍较宽松、质朴，以袍衫为主，也有外罩短袍者。体力劳动者或乐舞百戏之人一般是夏天赤裸上身，下身穿犊鼻裈。

2 男子典型服饰

（1）袍：秦汉时期，男子以袍为贵。所谓“袍”需要符合以下几个基本特点：一为采用交领，衣襟开得很低，领口露出内衣；二为质地较厚实，且纳有丝絮等物；三为衣袖宽大，袖口部分收得很小，形成圆弧形；四为领口、袖口、下摆等处有纹饰，并根据下摆形状分成曲裾袍与直裾袍。曲裾袍通身紧窄，下长曳地，下摆呈喇叭状，行时不露足，多流行于西汉早期。直裾袍盛行于东汉时期，内穿曲裾绕膝内衣（见图 1、图 2）。

（2）禅衣：禅衣为仕宦平日燕居之服。“禅”为上下连属，样式与袍略同，但无衬里，可理解为穿在袍服里面或夏日居家时穿的衬衣，也可以解释为罩在外面的单衣。

（3）裤：裤为袍服之内下身所穿。其早期无裆，类似今日套裤；后来发展为有裆之裤，称“裈”。将士骑马打仗穿的全裆的长裤，名为“大袴”。西汉士儒妇女仍穿无裆之裤。汉代男子穿穷裤，有的裤裆极浅，穿在身上露出肚脐，但没有裤腰，裤管很肥大。

图 1 湖南长沙马王堆出土的西汉墓中的曲裾深衣彩俑。它改变了过去服装多在下摆开衩的裁制方法，将左边衣襟的前后片缝合，并将后片衣襟加长，加长后的衣襟形成三角，穿时绕至背后，再用腰带系扎。

图 2 西汉初期身穿曲裾的陶俑

图 3 河北出土的西汉铜人宫灯。汉代曲裾深衣是女服中最为常见的一种服饰。衣领部分很有特色，如穿几件衣服，每层领子必露于外，最多的达三层，被称为“三重衣”。

二　女子服饰

1 女子典型形象

秦汉妇女的发式以挽髻为主。发髻的样式有堆在头顶上的，有分向两边的，也有梳至脑后的。其编梳方法通常是中分，然后将两股头发编成一束由下朝上反搭，挽成各种样式。此外，还有在髻后垂下一缕头发，称“垂髻”或“分髻”。这种发式直到魏晋南北朝时期仍是妇女最主要的发式。

秦汉妇女以深衣为尚，或是穿着上襦下裙的女服样式。凡穿深衣的妇女，腰身都裹得很紧，另缀一根绸带系扎，或系于腰间，或束在臀部。这个时期的襦裙样式，一般上襦极短，只到腰间，下裙很长，垂至地面。

2 女子典型服饰

女子服装主要分为两类：一是作为礼服的深衣，一是日常之用的襦裙。

（1）深衣：秦汉妇女以深衣为尚，衣襟绕转层数比战国时的深衣有所增多，下摆部也有所增大。根据下摆形式其主要分为曲裾绕膝式和直裾式，基本形制与男子类似（见图３）。

（2）袿衣：由深衣发展而来的“袿衣”是妇女的另一种常用服，其形制与深衣大致相似，唯一区别是服装底部由衣襟曲绕形成燕尾状的两个尖角。

（3）襦裙（裤）：上襦下裙的女服样式早在战国时代已经出现。到了汉代，由于深衣的流行，穿这种服饰的妇女逐渐减少。这个时期的襦裙样式为上襦斜领、窄袖，长仅及腰间；裙子是由四幅素绢连接拼合而成，下垂至地，上窄下宽，不饰边缘，裙腰两端缝有绢条，以便系结。妇女的下裳还有袴，起初大多只有两个裤管，上端以带系住，后出现前后有裆的缚带袴，叫“穷裤”，多为宫廷妇女所穿。

三　服饰品

1 男子典型佩饰

佩绶制度为汉代服饰的一大特点。贵族阶层除佩挂刀剑外，还有佩挂组绶的礼俗。组绶由朝廷统一发放，为汉朝官员权力的象征。官员平时在外，须将官印封装在腰间的鞶囊里，并将绶带垂于外。皇帝和各级官员所挂的佩绶，在尺寸、颜色及织法上有明显的区别。

2 女子典型佩饰

古代妇女一向用笄固定发髻，簪是笄演变而来的，当时盛行在簪顶加纹饰，常常做成凤凰、孔雀等形状。还有支撑古代女性高大假髻的工具——木质彩绘木篦，以及在簪顶挂珠玉垂饰的簪子——步摇簪。此外，这一时期还有耳饰、颈饰、臂饰、手镯、指环，材质珍贵、工艺精巧的带钩，制作精美的观赏性佩玉等佩饰品。

四　秦汉时期的坚甲利兵

秦军队服饰主要可分为两类：军官服饰和士兵服饰。我们可通过冠饰形式和甲衣的色彩对其进行区分。

1 军官服饰

（1）将军：将军着双重长襦，外披彩色金属鳞甲，下穿长裤，足穿方口齐头翘尖履，头戴顶部绣有双鹖的深紫色鹖冠，橘色冠带系于额下，八字结，肋下佩剑。

（2）中级军官：中级军官有两种穿着方式——一为长襦，外披彩色花边胸甲，腿上裹护腿，足穿方口齐头翘尖履，头戴双版长冠，腰际佩剑；二为高领右衽褶服，外披彩色花边的齐边甲，腿系护腿，足穿方口齐头翘尖履，头戴双版长冠。

（3）下级军官：下级军官着长襦，外披不绘彩铠甲，头戴单版长冠，腿系护腿，穿潜履，一手持剑，一手持长兵器。另外有少数军吏不穿铠甲，着轻装。

2 士兵服饰

（1）轻装步兵：轻装步兵着长襦，腰束革带，下穿短裤，腿系裹腿，足穿浅履，头顶右侧梳圆形发髻，手持弓弩。

（2）重装步兵：重装步兵穿着方式与轻装步兵类似，发型上有所不同。他们主要穿长襦，外披铠甲，下穿短裤，腿系裹腿，足穿浅履或短靴，头顶右侧梳圆形发髻；有的则头戴赤钵头或在脑后梳板状扁形发髻。

（3）骑兵：骑兵穿胡服，外披齐腰短甲，下穿围裳长裤，足穿高口平头履，头戴弁（圆形小帽），一手持弓弩，一手牵拴马绳。

（4）战车上的驭手：他们有两种穿着方式——一为长襦，外披双肩无臂甲的铠甲，腿绑护腿，足穿浅履，头戴长冠；一为脖子上有方形颈甲，双臂臂甲长至腕部，与手上的护手甲相连。

思考题

1. 秦汉时期官吏盔甲主要有哪几种?
2. 秦汉时期女子服饰的主要穿着方式有哪两种?
3. 秦汉时期的“袍服”需要具备哪些特征?

第三章

CHAPTER 3
魏晋南北朝服饰

本章主要内容：本章主要介绍魏晋南北朝时期的服饰制度和典型服饰形制。魏晋南北朝是中国古代史上一个重大变革时期。此时，整个社会政治、经济、文化都处于激烈动荡之中，这个时期战争连绵不断，政权更替频繁，使得社会长期处于混乱分裂的状态。同时，各民族人民的四处迁徙又增加了相互交融的机会。在这样一个动荡的社会形势下，南北朝各少数民族的服装也影响了汉民族的服装。

同时，玄学的兴起和崇尚清静无为、不受传统束缚的自由意识的觉醒，都直接影响了服装观念和服装风尚的变化。南北朝时期服装主要表现为两种形态：一是承袭秦汉旧制的汉族服装，男子多褒衣博带，女子多以大袖示人，以襦、裙、裤为主；二是汉族人民吸取少数民族的服饰特点，最典型的就是裤褶和裲裆。

建议学时数：2

第一节 社会背景与服饰制度

一 时代背景

4 世纪至 6 世纪，中国处于混乱的魏晋南北朝时期，经历了从群雄割据到三国分立，以及西晋灭吴再次统一全国的一系列历史事件。但是代表地主利益的西晋统治者没有巩固统一的能力，统一后不久，中国又重新出现了割据分裂的局面。从匈奴贵族刘渊在“八王之乱”的后期建立汉国起，到 589 年隋文帝灭陈止，南北对峙将近 300 年。这时期以 439 年北魏统一北方为界，又可以分为两个阶段：魏晋时期和南北朝时期。这是一个战乱频繁的时期，同时也是民族大融合的时期。一方面，战争和民族大迁徙促使胡、汉杂居，南北交流；另一方面，来自北方游牧民族和西域国家的异域文化与汉族文化的相互碰撞与相互影响，促使中国服饰文化进入了一个发展的新时期。魏晋南北朝时期胡汉杂居，来自北方游牧民族和西域的异域服饰文化与汉族传统服饰文化并存、互相影响，这构成了魏晋南北朝时期服饰文化的新篇章。

二 服饰制度

魏晋南北朝时期服装基本遵循秦、汉旧制（见图 1）。南北朝时期，一些少数民族首领初建政权之后，认为穿着本族服饰不足以炫耀其身份地位的显贵，便改穿汉族统治者所穿的华贵的服装。尤其是帝王百官，更醉心于高冠博带式的汉族章服制度，最有代表性的便是北魏孝文帝的改制。486 年（北魏孝文帝太和十年），孝文帝始服衮冕；494 年（太和十八年），孝文帝改革其本族（鲜卑族）的衣冠制度；495 年接见群臣时，他就赐百官冠服，用以更换胡服。

在实用功能方面，胡服比汉族统治者所穿的宽松肥大的服装更为优越，所以胡服开始向汉族劳动者阶层转移。魏孝文帝曾命令全国人民都穿汉服，但鲜卑族的劳动百姓不习惯于汉族的衣着，有许多人都不遵诏令，依旧穿着他们的传统民族服装。而官员们则“帽上着笼冠，裤上着朱衣”。服装是民族传统文化的象征，有民族的习惯在其中。鲜卑族原来的服装样式比汉族服装紧身短小，且下身穿连裆裤，便于劳动。这种服装是鲜卑族人民在长期劳动中形成的，魏孝文帝在推行汉化中未能使鲜卑人断其传统，

图 1 晋武帝着冕服像

图 2 顾恺之《洛神赋》图卷（局部）。画中魏晋南北朝汉族男子以交领、宽衫大袖、褒衣博带为尚。

反而使其在汉族劳动人民中间得到推广，最后连汉族上层人士也穿起了鲜卑装。北方胡族服装便于活动，有较好的劳动实用功能，因而对汉族民间传统服装产生了自然转移的作用。

第二节　典型形象及服饰

一　男子服饰

1 男子典型形象

魏晋以来，社会上盛传的玄学与道、释两教相结合，酝酿出文士的空谈之风。他们崇尚虚无，蔑视礼法，放浪形骸，任性不羁。在服饰方面，魏晋南北朝时期的男子已很少穿传统的深衣，他们穿宽松的衫子，衫领敞开，袒露胸怀。南京西善桥出土的“竹林七贤”砖刻，便是当时文士服饰的写照，反映了社会意识和服装形式具有的内在关系。

2 男子典型服饰

（1）袍、衫：魏晋南北朝时期的汉族男子服饰主要有衫和袍，两者在样式上有明显的区别。照汉代习俗，凡称为袍的，袖端应当收敛，并装有祛口。而衫子不需施祛，袖口宽敞。魏晋服装日趋宽博，成为风俗，并一直影响到南北朝服饰，上自王公名士，下及黎庶百姓，都以宽衫大袖、褒衣博带为尚（见图 2）。

（2）裤褶：裤褶原是北方游牧民族的传统服装，其基本款式为上身穿齐膝大袖衣，下身穿肥管裤。这种服装的面料常用较粗厚的毛布来制作。南北朝的裤有大口裤和小口裤，以大口裤为时髦。穿大口裤行动不便，故人们用锦带将裤管缚住，又称“缚裤”。裤和短上襦合称“襦裤”，只有骑马者、厮徒等从事劳动的人为了行动方便，才直接把裤露在外面。封建贵族是不得穿短衣和裤外出的，到了晋代这种习惯才有所改变。此时，汉族上层社会男女也都穿裤褶，用锦绣织成料、毛罽等来制作，脚踏长靿靴或短靿靴。南朝的裤褶、衣袖和裤管都更宽大，被称为广袖褶衣、大口裤。

（3）裲裆：裲裆也是北方少数民族的服装，从山军戎服中的裲裆甲演变而来。这种衣服不用衣袖，只有两片衣襟，其一当胸，其一当背，后来被称为“背心”或“坎肩”。裲裆可保身躯温度，而不增加衣袖的厚度，手臂行动方便，也是男女都穿的服装样式。

（4）半袖衫：半袖衫是一种短袖式的衣衫。半袖衫由于多用缥色（浅青色），与汉族传统章服制度中的礼服相违，曾被斥为“服妖”。后来风俗变化，到隋朝时，“内官多服半臂”。

（5）首服：魏晋南北朝时期的冠帽很有特色。汉代的巾帻依然流行，但与汉代略有不同的是，帻后加高，体积逐渐缩小至顶，时称“平上帻”或叫“小冠”。小冠上下兼用，南北通行。如在这种冠帻上加以笼巾，即成“笼冠”。笼冠是魏晋南北朝时期的主要冠饰，男女皆用，因以黑漆细纱制成，又称“漆纱笼冠”。

二　女子服饰

1 女子典型形象

魏晋南北朝时期，妇女的主要发型为头梳高髻，上插步摇首饰，髻后垂有一髾。发髻形式高大，发饰除一般形式的簪钗以外，流行一种专供支撑假发的钗子，承重的意义大于装饰的意义。

服装上承袭秦汉的遗俗，有衫、裤、襦、裙等形制，后逐渐吸收少数民族服饰特色，在传统基础上有所改进。此时的妇女一般上身穿窄袖紧身的衫襦或袄，衣衫以对襟、交领为多，领、袖都有缘边；下着长裙，腰用帛带系扎。款式多上俭下丰，衣身部分紧身合体，袖口肥大；裙多折裥裙，裙长曳地，下摆宽松，给人以俊俏潇洒之感；加上丰富的首饰，反映出奢华靡丽之风。南北朝时期的百姓妇女梳丫髻，穿宽袖短衣、长裙，侍女梳环髻、穿对襟衣。帔子也是这个时期妇女的穿着款式，它一直流传到隋唐，并得到广泛采用。此外妇女还穿着袴褶，她们头上往往戴有笼冠，身上有时还穿裲裆。

2 女子典型服饰

（1）衫（襦）裙：这时期的妇女服饰和男子服饰一样，大抵继承秦汉遗俗，有衫、袄、襦、裙之制，样式以宽博为主，衣衫以对襟为多，领、袖均缘边，袖口缀有一块不同颜色的贴袖，下身为条纹间色裙，腰用帛带系扎，衣裙之间还有一条围裳，以便束腰。除此之外，妇女服饰还有绛纱复裙、丹碧纱纹双裙、紫碧纱纹双裙、丹纱杯文罗裙等（见图3）。

（2） 深衣：在魏晋南北朝的妇女中，仍有人穿深衣，但其形式与汉代早期有较明显的差异。魏晋南北朝深衣的特点主要集中在衣服的下摆部位，下摆被裁制成三角，上宽下尖，层层相叠，被称作“髾”（见图4）。南北朝时，这种髾被去掉了长可曳地的飘带，尖角的“燕尾”被大大加长，两者合为一体。

图 3 顾恺之《洛神赋》图卷（局部）。画中表现了魏晋南北朝女子的典型形象。上身穿交领衣衫，衣身合体，袖口肥大，领、袖都有缘边；下着多褶裥长裙，腰用帛带系扎。

图 4 顾恺之《洛神赋》（局部）。画中表现了魏晋南北朝女子的典型形象。深衣下摆被裁制成三角，上宽下尖，层层相叠，被称作“髾”。

图 5 图中的北朝女子梳“薄鬓”。“薄鬓”大多被修理成狭窄的薄片，长度通常到颈间，给人以灵动、飘逸之美。

（3）裲裆：裲裆虽多用于男子，但妇女也可穿着，且往往加彩绣装饰。它最初被穿在里面，后来人们把裲裆穿在交领衣衫之外。

（4）抱腰：抱腰在腰间加有束带，长带飘逸，垂及地面。

（5）裥裤：魏晋南北朝时期妇女的裤，一种是带条纹的小口裤，较窄瘦，是西北少数民族的服装式样，曾一度流行于士庶女子或婢仆之中；到隋唐时，贵族女子由于时兴胡服，也多穿这种裤。另一种是比较宽阔的大口裤，北方妇女穿此裤时，都把裤腿上提于膝下，用丝带系缚，这种方式大多为劳动妇女或婢仆等所喜用。

三 服饰品

1 男子典型佩饰

早在东汉时期，为了佩挂随身小器具，人们在腰上所束的革带上挂了几根附有小带钩的小带子，这种小带子叫作“蹀躞”，附有蹀躞的腰带被称为“蹀躞带”。魏晋南北朝时期的蹀躞带，头端装有金属带扣，带扣一般镂有动物纹和穿带尾用的穿孔，穿孔上装有可以活动的短扣针。

2 女子典型发式、妆容

魏晋南北朝时期，妇女对鬓发相当重视，出现了所谓的“薄鬓”（见图5），也就是将鬓发梳理成薄片，使其形如蝉翼。这是魏晋南北朝时期妇女发饰中最常见的一种。

魏晋南北朝时期的女子妆容也很有特色，魏武帝曾命宫人做长眉，谓之“仙蛾妆”；梁武帝令宫人做白妆，画青黛眉等。“额黄之妆”最有特色，即用黄色颜料染画在额间。也有人将用黄色纸片剪成的花样贴于额前，谓之“花黄”，此外还有“花钿”等妆饰。

思考题

1. 魏晋南北朝的男子典型服饰是什么?

2. 魏晋南北朝时期的服饰制度是怎样的?

3. 列举魏晋南北朝时期的女子典型服饰。

第四章

CHAPTER 4
隋唐五代服饰

本章主要内容：本章主要介绍隋唐以及五代十国时期的服饰制度和典型服饰形制。隋唐的统一把南北的成就结合起来，出现了一个较秦汉经济文化更为发达，国势更为强盛的局面。尽管隋朝的时间很短，但它为后世繁盛的唐朝奠定了基础。唐朝是中国封建社会的鼎盛时期，同时也书写了中国古代服装最绚烂的篇章。唐朝国家稳定、经济繁荣，文化事业全面发展。一方面，唐代服装继承了历代冠服制度；另一方面，唐代服饰对外开放，包容、吸收外来文化，尤其吸取胡服特点，兼容并蓄，广采博收，大放异彩，为后世的衣冠服饰开启了新的道路。隋唐男子普遍穿着圆领袍衫，女服更是中国服装史上最精彩的篇章之一，其冠服之丰美华丽，妆饰之异彩纷繁，令人目不暇接。上襦下裙仍为这一时期的典型服饰，此外还有披帛、半臂等服饰。

建议学时数：3

第一节　社会背景与服饰制度

一　时代背景

581 年，隋朝建立。589 年，隋文帝杨坚统一中国，结束了自汉末以来 360 多年分裂的政治局面。这是继秦汉之后再度建立的封建统一国家，形成了一个以汉族为中心的新的民族共同体。605 年，隋炀帝继位，他崇尚奢华铺张，为了宣扬皇帝的威严，他恢复了秦汉章服制度。

由于隋炀帝荒淫无道，隋统一中国前后只有 30 多年就被唐代替。唐代的文学艺术空前繁荣，唐诗、书法、洞窟艺术、工艺美术、服饰文化都在华夏传统的基础上，吸收融合域外文化而推陈出新。唐代疆域广大，政令统一，物质丰富，和西北突厥、回纥，西南吐蕃、南诏，东北渤海诸少数民族，都有密切交往。唐代国家实力强大，人民充满着民族自信心，对于外来文化采取开放政策。由于强大的民族自信心和凝聚力的作用，外来异质文化很快被大唐文化吸收，自然而然地成为大唐文化的补充和给养，使得唐代服饰雍容大度，百美竞呈。

唐以后的五代（907 年至 960 年）在服饰上大体沿用唐朝之制。

二　服饰制度

唐高祖李渊（618 年至 626 年）于武德七年（624 年）颁布新律令，即著名的“武德令”，其中包括服装的律令，记有天子之服十四、皇后之服三、皇太子之服六、太子妃之服三、群臣之服二十二、命妇之服六。内容基本沿袭隋朝旧制。

隋唐的官定服饰按礼节轻重划分为祭服、朝服、公服、常服。冠服制度是封建社会权力等级的象征，作为封建社会统治阶级精神支柱的儒学，则把恪守祖规作为忠孝之本，强调衣冠制度必须遵循古法，特别是作为大礼服的祭服和朝服，不能背弃先王遗制，故称“法服”，具有强烈的保守性和封闭性。

1 祭服：唐代祭服不一定只用于祭祀典礼之中，其他重要典礼也会用到。

天子之冕有六种：大裘冕、衮冕、鷩冕、毳冕、绨冕、玄冕。天子之冠有两种：通天冠、缁布冠。天子之弁有两种：武弁、弁服。天子之帻有四种：黑介帻、平巾帻、白纱帽、白帽。

臣下之冠有五种：进贤冠、远游冠、法冠（獬豸冠）、高山冠（侧注冠）、委貌冠（与皮弁同制）。臣下之冕有五种：衮冕、鷩冕、毳冕、绨冕、玄冕。臣下之弁有两种：爵冕、武弁。臣下之帻有四种：平巾帻、黑介帻、介帻、平巾绿帻。

当时的礼节轻重和祭服的材质、色彩以及穿戴的方法，都是区别官阶等级的重要依据。

2 朝服：朝服是重要性仅次于祭服的礼服，又称"具服"。凡是从祭的祭服和参加重大政事活动的朝服，形制与隋朝基本相同。一至五品官员的形制组成为：冠、帻、缨、簪导、绛纱单衣、白纱中单、黑领、袌（袖）、黑褾、襈、裾、白裙襦（或衫）、革带或钩鲽、假带、曲领方心、绛纱蔽膝、白袜、乌皮履、剑、纷、鞶囊、双佩、双绶。

3 公服：公服又称从省服，为一般场合以及古代官吏在衙署内处理公务时的穿着，形制与祭服、朝服相比要简洁得多，省去各类繁琐的挂佩。形制组成为：冠、帻、簪导、白裙襦（或衫）、革带或钩鲽、假带、方心、乌皮履、纷、鞶囊、双佩。

4 常服：常服又称燕服，为平时燕居的生活服装，具有强烈的时代特征。上衣多为圆领，吸收了南北朝以来在华夏地区已经流行的胡服，特别是西北鲜卑民族服装以及中亚地区服装的某些元素，使之与华夏传统服装相结合，创制了具有唐代特色的服装新形式，如缺胯袍、半臂、大口裤等。

唐代官服发展了古代深衣制的传统形式，领座、袖口、衣裾边缘有贴边，衣服前后身都是直裁的，前后襟下缘各有一整幅布横接成横襕，腰部用革带紧束，衣袖分直袖式和宽袖式两种（直袖式窄紧便于活动，宽袖式则表现一种潇洒华贵的风度），上自帝王、下至厮役都可以穿。

第二节　典型形象及服饰

一　男子服饰

1 男子典型形象

幞头圆领袍衫是隋唐时期庶士、官宦男子普遍穿着的服装。袍衫具体形制一般为圆领、右衽，领、袖、襟处有镶边。文官衣服略长至足踝或及地，武官衣服略短至膝下。袍衫袖子窄长，袍身适体，多为大襟。一般文人雅士、绅士或老者仍以大袖宽身的禅衣、长裙为常服。头戴软脚幞头，身穿盘领窄袖或窄长袖的袍衫，加襕，袍衫长及足或膝，下穿宽口裤，足穿软靴，此为初、中、后唐及五代时文人的服饰。从中唐、晚唐开始，文人服饰随时代的风尚而不断转向，提倡秦汉的宽衣大袍——宽长大袖的袍衫，除继续沿用软裹巾外，还用硬裹软脚或硬裹硬脚的幞头。戴高筒纱帽，穿交领宽身大袖衣，下开衩，腰间系带，下身着大口裤、浅底履——为后唐与五代时文人的新装。唐、五代文人在家闲居与逸老隐士皆好穿汉制宽衣大袖的深衣（见图1）。

2 男子典型服饰

（1）缺胯袍：缺胯袍为直裾、左右开衩式的长袍，可和幞头、革带、长靿靴配套（见图2）。

（2）襕衫：襕衫多为士人所穿，是较长的衫，在其下加一横襕装饰，类似于“襕袍”。

（3）半臂：半臂又称“半袖”，是从短襦中蜕变而来的，合领、对襟、无袖或短袖，衣长至膝，胸前结带，穿在袍衫之外，为春、秋季所服。半臂与背子同属一类，只是各时期人们对它的称呼有所不同。

（4）胡服：胡服流行于开元、天宝年间，其制为翻领、对襟、窄袖，衣长及膝，腰间系革带。这种革带原是北方民族的装束，于魏晋时传入中原。胡服在唐中期更为盛行，不但男子时兴穿，女子也时兴穿，以便于骑马作战，也为生活中的常服。

二　女子服饰

隋唐五代时期的女装是中国服装史中最为精彩的篇章之一，其中襦配裙是这一时期的代表性女装样式。隋唐女性以襦（袄、衫）配裙为其主要穿着方式。裙子造型初为紧身窄小款式，流行高腰或束胸、贴臀、下摆齐地的样式；后流行下摆呈圆弧形的多褶斜裙。裙色以红、紫、黄、绿色为多，其中红色最为流行。唐代妇女除穿衫襦外，还搭配穿半臂或是裲裆。领口有右衽交领和对领两种。后受胡服影响，还出现女着胡服和男装的现象。

1 女子典型形象

隋代女装多为小袖短襦、高腰长裙，裙系到胸部以上，腰带长且下垂。发式上平而较阔。贵妇多着大袖衣，外披帔风或加翻领的小袖衣，小袖下垂仅做装饰用。整体呈“A”字上简下丰造型。

唐代的女性理想形象从初唐到晚唐是一个由质朴无华到雍容华贵的变化，直接反映在女装的形制上，就是由最初纤长平直的“A”字造型逐渐演变成宽博浑圆的“O”字造型。

唐代女子日常大多上身着襦、袄、衫，下身束裙子。襦、裙是唐代妇女的主要服饰。妇女上着小袖短襦，衣袖紧窄，长可及手，有时也搭配半臂穿着；下着紧身长裙，裙腰高系，一般都在腰部以上，有的甚至系在胸部以上，并以细丝带系扎，形成上简下丰的效果。后又受波斯的袒胸折领（翻领）等服装样式的影响，唐代出现了一种袒胸无领、窄袖紧身、长及腰的短襦。整体造型为高头云履，披帛，饰高髻簪花，裙长及地或略短，有时下配小口条纹裤和软锦靴。

盛唐以后，胡服的影响逐渐减弱，女装的样式日趋宽大。衣袖较上阶段略大，裙身更宽，裙长至曳地。腰线开始增高，多为胸部以上。到了中晚唐时期，这种特点更加明显，一般妇女服装的袖宽往往在4尺（约133.3厘米）以上。中晚唐流行宽袖对襟衫、长裙、披帛。中唐后，社会习尚丰腴美，半臂渐渐见少（见图3）。

晚唐贵妇人的典型服饰为：高墙髻、簪花饰钗，上穿宽领对襟的大袖衣，内束抹胸，下着长裙，长及地，覆足，绣花的披帛绕臂，上窄下宽，佩以蔽膝，戴佩绶、佩玉，腰束宽带，足穿高头如 意履（见图4）。

五代的妇女典型服饰为：头饰高髻、簪花，饰步摇、珠饰，上身穿对领罗衫，宽衣大袖，披帛，束带，下穿长裙，外着蔽膝或围裙，足穿平头履。

女着男装。唐天宝年间曾流行过女着男装，这种装束不仅流行于民间，还一度传到宫中。幞头袍衫

图 1 唐、五代文人皆沿袭汉制宽衣大袖的深衣制

图 2 裹幞头、穿圆领窄袖袍衫、脚踏靴也是唐代男子的普遍装扮

图 3 唐代周昉《簪花仕女图》（局部）。图中女子内着团花长裙，披着薄质的轻纱，手挽披帛。头上云髻高耸，排插着簪子和步摇，牡丹花饰立在头顶，两眉晕染如蝶翅，可能是盛唐宫中流行的“倒晕眉”。

图 4 上穿宽领对襟的大袖衣，外穿半臂，披帛绕臂，下着长裙，长及地，覆足，上窄下宽，腰束宽带，足穿高头如意履。

是唐朝男子的主要装束，至天宝年间，妇女也模仿其穿着，其中多为宫女。后来幞头袍衫传入民间，成为普通妇女喜爱的服饰。妇女着男装时并不都戴幞头，有时挽各式发髻而单穿圆领袍衫（见图5）。

女着胡服。唐代所谓的胡服，是指包括西域地区的少数民族服饰以及印度、波斯等外国服饰。尤其在盛唐的开元、天宝年间，妇女盛行胡服。妇女穿此服时，下配竖条纹的小口裤、尖头绣花鞋或半靴软靴，戴锦绣浑脱帽以及佩戴蹀躞带等。后又受波斯的袒胸折领（翻领）等服装样式的影响，出现一种袒胸无领、窄袖紧身、长及腰、上窄下宽的瘦长短襦。中晚唐至五代，宫廷和贵妇中曾广为流行回鹘（维吾尔族）服装。回鹘装以暖色调为主，尤其喜欢用红色，领、袖均缘阔边。穿此服时，发式一般挽成锥形，时称“回鹘髻”，髻上另戴一顶珠玉的桃形金冠，上缀凤鸟，两鬓插簪钗，耳垂及颈项上佩有精美首饰，足穿翘头软锦鞋（见图6、图7）。

2 女子典型服饰

（1）襦：襦是一种衣身狭窄短小的夹衣或棉衣。

（2）袄：袄长于襦而短于袍，衣身较为宽松，也有夹衣或棉衣。

（3）披帛：“披帛”又称“画帛”，通常以轻薄的纱罗制成，上有花纹。长度一般为两米以上，用时将它披搭在肩上，并盘绕于两臂之间。唐代妇女在各种场合，如劳动、娱乐或出行时，都喜欢用披帛作为装饰。

（4）半臂：半臂是由魏晋以来的上襦发展而来的一种或无领、或翻领对襟、或套头的短外衣。袖长及肘，身长及腰。造型特点是衣袖的长短和宽窄处理上的审美变化。

（5）裲裆：裲裆是一种套于大袖衣的外面而不遮掩大袖的无袖外套。

三 服饰品

1 男子典型佩饰

（1）首服：唐代有一段时期十分流行胡帽，如底边翻卷、顶部尖细的毡卷檐帽，皮毛筒形帽，浑脱帽等。软裹唐巾形制为后垂两个巾脚，自然飘动，也被称为“软脚幞头”。隋代的幞头较简便，在幞头里加一固定的饰物覆盖于发髻上，以包裹出各种形状，这种饰物叫作“巾”或“巾子”。自中唐后，上至帝王、贵臣，下至庶人、妇女都戴幞头，巾子式样基本一致，但巾脚形制不同，或圆或阔，犹如硬翅，微微上翘，中间似有丝弦之骨，有一定的弹性。唐末，幞头已经超出了巾帕的范围，成了固定的帽子。除幞头外，隋唐的首服还有纱帽，它被用作视朝听讼和宴见宾客的服饰，在儒生、隐士之间也广泛流行。其样式可以由个人所好而定，以新奇为尚。此外，有人还使用南北朝时期的小冠和漆纱笼冠等，有些还被收进冠服制度。

（2）腰带带具。隋唐时期，蹀躞已成为男子常服通用的配饰，其是革带上以备挂物的小带子，从西北少数民族流入中原，至隋唐盛行。故在隋唐初期，革带上所系蹀躞较多，盛唐以后减少。少数民族和东西邻国所系蹀躞较多，汉族所系较少，这是生活方式不同的缘故。过着游牧流动生活的少数民族居无定处，需要随身携带弓、剑、砺石（磨刀石）、火镰、帉（大巾）、帨（手巾）、针筒、算囊等生活器具，带得越齐全，使用时越方便。

图 5 西安出土的着男装的唐代女彩俑

图 6 梳高髻，上穿翻领小袖口胡服，束腰带，下穿小裤口、尖头履的女彩俑。

图 7 此图为唐代周昉《听琴》图卷（局部）。图中侍女着男装，右衽开衩，窄袖长袍，腰部紧束腰，脚穿薄地布靴。抚琴妇人穿典型高腰长裙，内穿窄袖薄衫，肩膀处搭一披帛。

2 女子典型佩饰

（1）首服：女子的首服为幂篱，后改良为帷帽，最后为胡帽。前两者都是为女子出行时遮蔽容貌所用，多用藤席或是毡笠做骨架。幂篱的帽裙长可遮身，以前为少数民族防风沙所用，男女皆戴。到唐代，男子已不用，妇女只将它作为出门远行的服饰，以防路人窥视。到唐永徽（650 年至 655 年）以后，帽裙缩短至颈部，被称为“帷帽”。帷帽普及后，妇女们又一次对它进行改革，去掉了原帽上的面纱，将一块皂帛包裹住头的两侧，整个面庞完全袒露在外。开元年间，胡服盛行，妇女都穿胡服、戴胡帽。胡帽流行时间不长，在天宝年初就销声匿迹了（见图 8）。

（2）女鞋：唐代男女、官庶、汉人、胡人都可以穿靴。开元以前，尤其在胡服盛行年间，妇女多穿靴，有尖头、圆头、高头、平头等多种形式。开元以后，妇女多着线鞋，以锦缎缝制，上绘花纹，有时还缀加玉饰。此外，妇女还可穿履，履通常被做成高翘形式，名为“翘头履”。女子着男装时，也穿履头呈尖状、微微翘起的乌皮履。盛唐女鞋大致有三种样式。第一种为公服的鞋，通称“高墙履”，又称“重态履”，即鞋的前头高出一长方形鞋头，配合宫廷女子着长裙时穿。第二种为软底透空锦靿靴，与翻领小袖齐膝袄及条纹小口袴配套。第三种为尖头而略上弯的鞋，似从汉代的勾履演变而来。

3 女子典型发式、妆容

隋代妇女发髻大多作平顶式，梳时将发分作两至三层，层层堆上，如帽子状，初唐时仍梳这种发式，只是顶部有上耸趋势，大多呈云朵形。其后，发髻渐高，形式日趋丰富。天宝以后，胡帽渐废，贵妇之中流行假髻。到晚唐五代，发髻再次增高，上面插有花朵。除此之外，唐代还有侨堕髻、高髻等各种垂髻，妇女往往在发髻上插饰梳、篦、簪、钗、步摇、翠翘、珠翠、金银宝钿、搔头等物。髻为实心，鬟则是将发作环形而中空，大多数青年女子一般梳双鬟，其形式高低长短各异，幼女则是发垂于额。

隋朝的妇女就善于画长眉，到唐代，修眉成为时尚。初唐画眉浓且长，开元、天宝年间画眉则流行细且淡。唐代妇女黛眉名目甚多，从细而长的“蛾眉”到宽而阔的“广眉”，应有尽有。眉目之间，还饰有金银、羽翠制成的五彩花子，名叫“花钿”。花钿有桃形、梅花形、月形等 30 余种，可直接用颜料画在脸上，也可先制成花样，用时贴在脸上，其颜色常采用红色、黄色、绿色等，以红色居多，唐后期尤其盛行。妇女还在面颊两旁用丹青、朱红等色点出月形或钱样等各种形象，叫作“妆靥”，并在唇上涂胭脂（见图 9、图 10、图 11）。

思考题

1．唐代女子服饰有哪些典型形式?

2．唐代女子妆容有哪些主要特点?

3．唐代官服制度的主要形制是什么?

图 8 吐鲁番出土的泥俑。图中女性头戴帷帽，上身穿低领口衫，下身穿西域风格的间色裙。

图 9 吐鲁番出土的木俑。图中人物额头贴花钿，脸上涂胭脂，面庞画斜红妆。

图 10 唐代妇女在面颊两旁用丹青、朱红等颜色点出月形或钱样等各种形象，叫作“妆靥”，并在嘴唇涂胭脂。

图 11 唐代女子形象。图中人物有高高的牡丹花饰，鼓鼓的脸庞，两眉晕染如蝶翅，细长的双眼，小而嘟起的嘴巴。

第五章 CHAPTER 5 宋代服饰

本章主要内容：本章主要介绍宋代的服饰制度以及典型服饰形制。宋王朝的建立结束了五代十国的割据和动乱局面。宋代社会的思想文化保守，“程朱理学”占统治地位，并开始强调继承前人的传统文化。整个社会主张服饰不应该过分豪华，应崇尚简朴，朝廷更是三令五申，多次申明服装要“务从简朴，不得奢侈”。这也使得宋代的服饰具有质朴、高雅、清淡之美。宋代男子除了穿圆领袍衫，还流行文人风格的宽大袍衫，如东坡巾等。“背子”是最具代表性的宋代女子服饰，由前朝半臂的形式发展而成。形制多为大襟，袖口等都有缘边，外形也一改以往的外扩造型而相对向内收敛，塑造出宋代女子细小柔弱的形象。

建议学时数：2

第一节　社会背景与服饰制度

一　时代背景

北宋结束了唐以后将近 200 年的割据分裂的局面，开创了一个政治稳定、经济繁荣、文化昌盛的时代。然而北宋国防虚弱，始终与辽南北并立。960 年至 1279 年，正是中国封建社会由强盛转向衰败的阶段。宋朝的有识之士谋求国家富强，试行改革，但是宋代的统治阶级不采纳修明政治、变革强国的政策，转而强化思想控制，从各方面灌输封建社会伦理纲常的旧观念，提倡“存天理，灭人欲”，进一步从精神上奴化人民大众。宋代的程朱理学是以儒家经学为基础，兼收佛教、道教思想形成的新儒学，提倡“言理不言情”，直接影响了人们的生活态度、审美情趣等。宋代在服饰制度上表现为十分重视恢复旧有的传统，推崇古代的礼服；在服饰色彩上强调本色，在服饰质地上主张不应过分豪华，而应简朴。在程朱理学影响下，宋人的服饰十分拘谨和质朴，也使得中国封建服饰文化更加趋于守旧和保守。

二　服饰制度

宋代的官定服饰按礼节轻重划分为祭服、朝服、公服（常服）、时服、戎服、丧服等。

1 祭服：宋代的祭服大体上承袭唐代并酌汉代以后的沿革而定。天子之冕有六种：大裘冕、衮冕、鷩冕、毳冕、絺冕、玄冕。天子之冠有两种：通天冠、远游冠。与绛纱裙（裳）、白纱中单、云龙纹绛色纱袍、方心曲领相配，穿着时腰束金玉带，前系蔽膝，佩绶带，白袜黑舄。

2 朝服：朝服为绯色罗袍裙，衬以白花罗中单，束以大带，以革带系绯罗蔽膝，方心曲领，白绫袜，黑皮履。腰间挂锦绶，穿时以不同花纹区别官阶。头戴进贤冠、貂蝉冠或獬豸冠，并在冠后簪白笔，手持笏板。

3 公服：此时的公服即常服，基本沿袭唐代款式：曲领（圆领）大袖，下裙有横襕，腰间束带，头戴幞头，脚蹬靴或革履（见图 1）。三品以上着紫色，五品以上着红色，七品以上着绿色，九品以上着青色。

图 1 宋太祖画像。宋太祖戴展翅幞头，穿圆领袍衫，系红色束带，蹬皂靴。

图 2 宋代赵佶《听琴图》中典型的宋代男子服饰

4 时服：在每年各个季节或皇五圣节，皇帝按前代制度赏赐文武群臣及将校的袍、袄、衫、袍肚（抱肚）、勒帛、裤等。时服用天下乐晕锦（灯笼纹锦）、簇四盘雕（将圆形做十字中分，填充对称式盘旋飞翔的雕纹团花）细锦、黄狮子大锦、翠毛细锦（用孔雀羽线织出花纹）、宜男、云雁细锦、狮子、练雀、宝照大锦（以团花为基础，填充其他几何纹的大中型花纹）、宝照中锦、御仙花（荔枝）锦等做面料，其中以天下乐晕锦最珍贵。

第二节 典型形象及服饰

一 男子服饰

1 男子典型形象

在程朱理学影响下，男子服饰十分质朴。文人流行书卷气的穿着方式，通常身穿宽博的衣衫，以示高雅。

2 男子典型服饰（见图 2）

（1）袍：袍长及足面，有表有里，有宽身广袖和紧身窄袖之分。

（2）襦、袄：襦、袄长及膝盖，有袖头的夹衣是棉衣，襦和袄没多大区别。

（3）短褐：短褐为用粗布或麻布做的袖小身狭的短衣，多为贫苦百姓所穿。

（4）褐衣：褐衣比短褐长且宽大，用麻布或毛布制作，为文人隐士及道家所穿。

（5）衫：衫即没有袖头的上衣，包括衬在里面穿着的短小的衫，以及穿在外面的宽而长的衫。

（6）直裰：直裰为背部中缝线直通到底的无襕长衣，为宋代文人、居士、僧寺行者所穿。

（7）襕衫：襕衫即用细白布做的圆领大袖长衫，下施横襕，腰间有襞积（褶裥），为进士、国子生、州县生所穿。

（8）道衣：道衣斜领交裾，衣身宽大，四周用黑布缘边。有的是茶褐色袍，称为道袍，为文人或道士所穿。

（9）鹤氅：鹤氅即古时候用鹤羽捻线织成的面料，制成的衣身宽大曳地的衣着，一般披于身外，为宋代文人、诗客、隐士所穿。

（10）背子与半臂：它们都是隋唐时期流传下来的短袖式罩衣。宋代背子变成了长袖、腋下开胯的长衣服。

（11）旋袄与貉袖：旋袄与貉袖实为同一个款式的服装，长不过膝，两袖仅到肘部，用厚帛制作，有夹里或夹棉，以紫色或黑色做缘饰。

二 女子服饰

1 女子典型形象

宋代妇女服饰，一改唐代妇女服饰袒胸露背的风尚。宁宗嘉泰初年，皇帝下诏将宫廷中除帝王后妃外所有妇女的金石首饰集中放火焚烧，以此警示天下。

宋代初年，妇女的发式承晚唐五代遗风，以高髻为尚（见图3），并在头发中添加假发，有的直接用假发编成各种形状的假髻，用时套在头上，并饰以高冠、花冠和金银珠翠，还在额上和两颊间贴金箔或用彩纸剪成的花子。在宋代理学治天下、崇尚服饰简朴的原则下，就有了《宋史·舆服志》所说的“妇人假髻并宜禁断，仍不得作高髻及高冠”。

宋代妇女的日常服饰，大多为上身着袄、襦、衫、背子、半臂，下身以束裙子为主，也有束裤。受理学影响，当时的服饰不过分追求华丽，整体造型呈“H”形直身款式，含蓄内敛，保持洁净自然、崇尚简朴的审美观。

2 女子典型服饰

（1）襦、袄：宋代妇女的襦、袄都较短小，颜色以红、紫为主，黄者次之，质地有锦、罗或加以刺绣，常与裙子相配套。

（2）衫：衫为宋代妇女的普通上衣，质地常用罗。

（3）袍：宋代妇女一般不穿袍，仅宫廷歌乐女子在宴舞歌乐中穿着。

（4）背子：背子又名“绰子”，男女上至贵族，下至百姓均穿背子。但男子一般把背子当作便服或衬在礼服里面的衣服来穿，而女子则可以当作常服（公服）及次于大礼服的常礼服来穿。宋代的背子为长袖、长衣身，腋下开衩，即衣服前后襟不缝合，而在腋下和背后缀有带子。这腋下的双带本来可以把前后两片衣襟系住，可是宋代的背子并不用它系结，而是垂挂着做装饰用，意为模仿古代中单（内衣）

图 3 梳高髻、穿背子的典型宋妇装扮

图 4 宋人画《杂居人物图》。女子图中着背子，配同色长裤，女鞋小而尖翘，以红帮作鞋面。

图 5 《女孝经》中女子，穿交领短衫、长裙，佩披帛。

图 6 宋代文人典型装扮：着宽博衣衫，佩东坡巾。

交带的形式，表示“好古存旧”。宋人在穿背子时，在腰间用勒帛系住（见图4）。

宋代背子的领型有直领对襟式、斜领交襟式、盘领交襟式三种，其中以直领式为多。斜领和盘领两式只在男子着公服时穿在里面，妇女都穿直领对襟式。

（5）半臂：半臂为半袖长衣，为隋唐留下来的传统服饰，宋代男女均穿用。

（6）背心、裲裆：半臂缺袖为背心，短背心为裲裆，男女皆穿。

（7）围腰：宋代妇女常在腰间围一块围腰，色彩以鹅黄色为尚。

（8）裙：宋代裙子有六幅、八幅、十二幅、多褶裥（见图5）。宋代还有一种前后开衩的裙式，称为“旋裙”。裙子的纹饰，或做彩绘，或做染缬，或做销金刺绣，或缀珍珠。色彩以郁金香根染的黄色为贵，红色为歌舞伎乐所穿，以石榴裙最为鲜丽，多为诗人吟诵。青色、绿色裙多为老年妇女或农村妇女所穿。

（9）裤、裈（裩）：古代裤子没有裤裆，有裆的是小短裤，叫作“裈”。按封建伦理观念，女子是不能将这两种裤露在外面的。宋代上层社会的妇女穿裤子，外面要用长裙掩盖。裤脚外侧缝合（不加缝缀）的开片裤，就是穿在长裙里面的裤子。次等的妓女穿衫子，着有裆裤而不系裙，这种裤子在使用功能上是一大进步。

三 服饰品

1 男子典型配饰

幞头是宋代常见的首服，使用非常广泛。宋代的幞头内衬木骨，或以藤草编成巾子为里，外罩漆纱，做成可以随意脱戴的幞头帽子。《梦溪笔谈》卷一曰：“本朝幞头有直脚、局脚、交脚、朝天、顺风、凡五等，唯直脚贵贱通服之。”“直脚幞头”又名“平脚”或“展脚”，即两脚平直向外伸展的幞头。局脚幞头是两脚弯曲的卷脚幞头，幞头角向上卷起。交脚幞头是两脚翘起于帽后，相交形成交叉形的幞头。朝天幞头是两脚自帽后两旁直接翘起而不相交的幞头。顺风幞头的两脚顺向一侧倾斜，呈平衡动势。此外，还有一种近似介帻与宋式巾子的幞头，名为“曲翅幞头”。另有不带翅的幞头，为一般劳动人民所戴。

宋代文人平时喜爱戴造型高而方正的巾帽，身穿宽博的衣衫，意为高雅。宋人称为“高装巾子”，并且常以著名的文人名字命名，如“东坡巾”（见图6）、“程子巾”、“山谷巾”等；也有以含义命名的，如逍遥巾、高士巾等。文士先用紫罗做无顶头巾，叫作“额子”；后来中了举人的，用紫纱罗做长顶头巾，以区别于庶人。庶人则由花顶头巾、幅巾发展到逍遥巾。巾子为高耸的长方形，戴时棱角对着前额正中，外加一层前面开衩的帽墙，天冷时可以翻下来保暖。苏东坡所穿的是直裰，领、褾、襈、裾均有宽裥，极为宽博，腰束丝绦，系宋人仿古代深衣及“逢掖之衣”制作而成的服装。

2 女子典型佩饰

宋代有地位的妇女已经实行缠足，使其生理形态畸形化，这是封建社会审美心理的异化现象。当时的女鞋小而尖翘，以红帮做鞋面，鞋尖往往做成凤头样子。南方劳动妇女因下地耕作而不缠足，穿平头、圆头鞋或蒲草鞋。宫中歌舞女子亦有大足穿靴的。

图 7 宋代上层社会妇女的冠饰

3 女子典型发式、妆容

（1）冠饰：宋代上层社会妇女流行高髻，如朝天髻、芭蕉髻等，五围髻式需紧紧扎牢，间以玉钗，并用丝网固定。三围髻式插金钗，不用网固，被称为“小盘髻”。盘福髻的髻式大而偏。懒梳髻的二髻偏而斜坠（见图 7）。此外，宋代还沿袭唐、五代以来的高冠、花冠，并且冠的形状越发高大，有的高三尺，宽与肩等，垂与肩齐，梳长 1 尺，饰以金银珠翠、彩色装花。宋仁宗时，宫中用白角为冠，加白角梳。皇祐初年曾规定“冠广不得过 1 尺，高不得过 4 寸，梳长不得过 4 寸”。到仁宗以后，白角改为鱼魫，梳子则以象牙、玳瑁来做。

（2）花子：宋代上层社会妇女也继承前代遗风，在额上和两颊间贴上用金箔或用彩纸剪成的花子。这种花子背面涂有产于辽水间的呵胶，用口呵嘘就能粘贴。贴花子的装扮相传始自南朝宋武帝的寿阳公主，她在人日（正月初七）醉卧含章殿檐下，一朵梅花落在她的额上粘住，三天后洗了才落去，这就是梅花妆的由来。宋徽宗宫词尤有“宫人思学寿阳妆”之句，写的就是宫中贴花子的情形。

思考题

1. 简要说明何谓“背子”。
2. 宋代男子的典型服饰有哪些?
3. 请列举几种宋代典型女装。

第六章

CHAPTER 6 元代服饰

本章主要内容：本章主要介绍契丹、女真和蒙古族三个少数民族建立的各朝的服装形制。宋朝后期，北方少数民族逐渐强盛起来，民族间的交流日渐频繁，共同缔造了中国丰富的服饰文化。这三个少数民族都曾经生活在中国的北方，所以衣服多采用皮毛，衣身相对比较紧，着靴，流行剃发，有些女子也留发盘髻。衣领多用圆领或者左衽，与汉人右衽相区别。元代建立以后，物质上丰富起来，在织物中加金的技术更成熟。质孙服是元朝比较有特点的内宴服。

建议学时数：2

第一节　辽——契丹族服饰（916年至1125年）

一　时代背景与服饰制度

辽为契丹族政权，契丹族是生活在我国辽河和滦河上游的少数民族。916年，阿保机在临潢（今内蒙古赤峰市巴林左旗附近）自立皇帝，定国号为“辽”。当时的宋王朝腐败无能，每年要向辽进贡金银、丝绸、粮食等。1125年，辽为女真所灭。

辽国在北方与北宋对峙时期，两国民族矛盾对立，但同时，两国人民也进行着广泛的经济文化交流。当时辽国的官员分为南北两班，皇帝和南班汉族大臣们穿汉服，太后和北班大臣们穿契丹本族的服饰。而契丹族的钓墩（现代妇女的连裤袜）也曾经在宋代妇女中广为流传，以至于北宋朝廷多次发诏书明令禁止。

二　典型服饰及形象

契丹服装样式比较单一，一般以长袍为主，男女一样，不分等级（见图1）。袍子左衽，圆领窄袖，袍上有疙瘩式绊扣，袍带在胸前系结，垂到膝部；下身穿套裤，用带子系在腰上，裤管塞在靴筒里。

男袍较短，露出革靴。长袍颜色大多比较灰暗，常见的有黑色、紫色、绀色等，纹样装饰较为朴素。长袍里衬有衫袄，露出领子，颜色较淡。

女子袍衫有直领和左衽两式，名为“团衫”。女子袍内着裙，穿长筒皮靴，其袍长度曳地。因为北方寒冷，袍料多半为兽皮，如貂、羊、狐皮等，以挡风寒，其中以银貂皮最为贵重，一般为贵族所用。

契丹族男子有髡发的习惯，从古墓壁画中的描述来看，男性一般是将头顶部分的头发全部剃光，只在两鬓或前额部分留少量的余发做装饰。不同的年龄有不同的发式。

契丹族女子的发式比较简单，少时髡发，出嫁前留发，嫁后梳髻（一般为高髻、双髻或螺髻），也有披发的，额间以巾带扎裹。还有一种小帽，状如覆杯，戴时也是用巾带系扎。辽国妇女崇尚黄粉涂面的习俗，俗谓“佛妆”。辽国除皇帝巨僚等具有一定级别的官吏可以戴冠以外，其他人都不许私戴，甚至连头巾也不许系扎。中小官吏及平民百姓只能磕头露顶，在寒冷的冬天也不例外。

图 1 胡瓌《卓歇图》（局部），表现了契丹贵族的服饰。图中人戴着覆杯式的圆帽，穿圆领窄袖袍，着相近色的靴子。四位女仆头上戴尖顶小帽，身穿左衽窄袖曳地的长袍，腰间用巾带系扎，长长的巾带在身前自然下垂，整体造型修长。

图 2 图中为戴有边圆顶皮帽，穿圆领窄袖长袍，腰系蹀躞带，蹬皮靴，佩弓箭的猎人。他的衣服和帽子的边缘都有一圈露出的短皮毛，叫作“出风”。

第二节　金——女真族服饰（1115 年至 1279 年）

一　时代背景

女真族是中国东北地区历史悠久的少数民族之一，生活在黑龙江、松花江流域和长白山一带。10 世纪时，女真族被辽统治。1115 年，完颜部首领阿骨打在会宁（今黑龙江哈尔滨市阿城区）建立了奴隶政权，国号为“金”。后来金人逐渐摆脱随水草迁徙的穴居野外生活，发展生产力，练兵牧马，于 1125 年彻底推翻辽统治，并挥师南下，直捣宋朝。辽在与宋朝对峙数年之后为蒙古军所灭。

二　典型服饰及形象

金建国后承袭辽制。从古籍记载来看，女真族和契丹族的服装有相似之处，同样为左衽、窄袖、着靴等（见图 2）。女真族生活在寒冷的北方，所以他们的服装也多以皮毛为主。虽然当时已经开始使用布帛了，但是一到冬天，女真人无论富贵贫贱都穿皮毛衣服，衣帽裤袜都用兽皮做成，以挡风寒的侵袭。富者服装多用貂皮和青鼠、狐、羊皮，贫者服装多用牛、马、獐等毛皮。夏天以苎丝、锦罗为衫裳。

金俗尚白，这与冰天雪地的地理环境有关。金人长期生活在冬季时间较长的北方，白色衣服和周围的冰天雪地的环境融为一体，可以迷惑被猎目标，同时也可以自我保护。金人的春装多以鹘捕鹅、杂花卉为纹饰，秋装则绣熊、鹿等山林动植物纹样，同样也是出于这些目的。

女子着团衫，直领或左衽，颜色以黑、紫、绀色为主，下多穿黑紫色裙，裙上绣金枝花纹，并有多道折裥，腰间以红、黄色巾带系扎，双双垂于足下。女子也穿背子（习称绰子），与汉族式样稍有区别，多为对襟彩领，前齐拂地，后曳 5 寸（约 16.6 厘米）余，图案多为绣金、银线或红线的百花。

金国男女皆以辫发为习尚，男子辫发垂肩，女子辫发盘髻。也有髡发，但式样与辽相异，垂金银珠玉为饰。

第三节 元代服饰（1271 年至 1368 年）

一 时代背景与服饰制度

元代统治者为蒙古族。1260 年，忽必烈在开平（后改称上都，今内蒙古自治区多伦县北石别苏太）登上汗位，后于 1271 年迁都燕京（后改称大都，今北京），建国号为“元”。1279 年，元代统一了中国。

元代刚统一中国之时，还没有完整的服饰制度，元代宫中服制长期沿用宋代制度。元代内部的民族矛盾尖锐，服饰制度也比较混乱。直到延祐元年 1314 年，朝廷参酌古今蒙汉服制，对上下官民的服装做了统一规定。汉官服式仍旧多为唐式圆领衣和幞头；蒙古族官员则穿合领衣，戴四方瓦楞帽。男子平时燕居时穿圆领窄袖袍，宽大下摆，腰部缝以辫线或钉成排纽扣，制成宽围腰，下摆折成密裥，俗称“辫线袄子”“腰线袄子”等（见图 3）。

二 典型服饰及形象

1 男子服饰

《元史・舆服制》中记载了当时的冕服——质孙服，这种服装上衣连下裳，衣式较紧且下裳部分较短，并在腰间加襞积，肩背间贯以大珠。其最大的特色就是冠帽、衣、靴采用同一色。从皇帝到乐工、卫士，元人都穿同色服装，虽然有精粗之制、等级之别，但总称为“质孙”。男子一般在内宫大宴的时候穿质孙服。皇帝质孙服冬服有十一等，有金锦暖帽、七宝重顶冠、红金答子暖帽、白金答子暖帽、银鼠暖帽等；夏服有十五等，有宝顶金凤钹笠、珠子卷云冠、珠缘边钹笠、白藤宝贝帽、金凤顶笠、金凤顶漆纱冠、黄雅库特宝贝带后檐帽、七宝漆纱带后檐帽等。天子之下的百官质孙服也有定制，冬服有九等，夏服有十四等。

元代时期出现“比甲”“比肩”的式样。比甲是便于骑射的服装样式，无领无袖，前身较短，后身很长，前身没有相会合的衣襟，采用两襟连接。比肩是一种有里有面的对襟短衣，类似半袖衫，元代蒙古人又称其为“襻子答息”。

2 女子服饰

元代的蒙古妇女，多穿宽大的长袍。北方天气寒冷，皮毛衣料在冬季广泛使用，这与辽、金国相似。显贵者用貂鼠皮，次者用羊皮。春秋季节服装则用织锦、毡褐以及绸缎等材料制成。女子服饰所用颜色比较鲜明，大红、鹅黄、绿、鸡冠紫等得到广泛应用。服装式样以左衽窄袖大袍为主，内着套裤，两腿单独分开，无腰无裆，用一条带子系在腰间。颈前围一云肩，沿袭金俗。汉族妇女则沿袭宋制，大多穿

图3 戴瓦楞帽、穿辫线袄子的男子

图4 戴姑姑冠、穿交领织金锦袍的皇后。姑姑冠的发明据说是为了增加在大漠中人的高度，以便于被人寻找。但皇后的姑姑冠上镶满了珍珠和其他装饰物，显然不适合骑马的人戴，它的装饰作用更为明显。

着襦裙，有时在短襦之外再加一件齐腰长的半臂。

三 服饰品

蒙古族和契丹族皆为辫发民族，但式样不同。根据《出使蒙古记》记载，男人们在头顶上把头发剃光一方块，并从这个方块前面的左右两角继续往下剃，经过头部两侧，直至鬓角。他们也把两侧鬓角和颈后（至颈窝顶部）的头发剃光。此外，他们还把前额直至前额骨顶部的头发剃光，在前额骨那里留一簇头发，下垂直至眉毛。头部两侧和后面留着头发，他们把这些头发在头的周围编成辫子，下垂至耳。

元代男子首服样式有幞和巾。公服多戴幞头，幞头的形制大致和宋代长脚幞头相同。巾则为平民百姓所喜爱。蒙古男子另有一种用藤篾做成的“瓦楞帽”，帽檐有圆有方，顶上装饰珠宝，以花样分别等级，位尊者饰以龙纹。当时也有戴笠帽的，一般为冬帽夏笠。

蒙古女子首服以“姑姑冠”为特色（见图4）。元代后妃及命妇行礼，通常不沿袭宋代的凤冠制，而戴“姑姑冠”。它一般用铁丝、桦木条或柳枝编成框架，冠体窄而高，通常有半米以上，在框架以外裱红色和青色的皮、纸、绒、绢等物，再饰以金箔珠花，冠顶还插有若干细枝条、翠花、绒球、彩帛、珠串及翎枝等。

思考题

1. 契丹、女真和蒙古族与汉族人民之间在服饰上的交流主要体现在什么方面？试举几例。

2. 为什么女真族人崇尚白色？

第七章 CHAPTER 7 明代服饰

本章主要内容：本章主要介绍明代的服饰制度和一些典型的服装款式。明代服饰仪态端庄、气度宏美，是华夏近古服饰艺术的典范。丝绸和棉布等面料的纺织、印染、刺绣等加工技艺水平高超、娴熟，纹饰丰富。在民间，人们更是创造出了表达思想感情的“吉祥图案”。明代服装形式变化多样、不拘一格。男子主要是各式长袍，右衽大袖，衣长多长及膝下；女子则穿背子、比甲、各式襦裙，整体线条流畅，飘逸秀美。明代的巾帽品种繁多，挺拔有型，发式头饰名目不一，把女子衬托得分外妖娆。官服上的补子，用不同的动物图案区别不同的官阶，是历代服饰中最有文化意义的一种新的创造。

建议学时数：3

第一节 社会背景与服饰制度

一 时代背景

1368 年，朱元璋领导的农民起义军推翻了元朝蒙古族政权，于应天府（今南京）建立起汉民族统治的明朝政权。1421 年，明朝正式迁都北京，北京成为全国政治、军事、经济、文化中心。明朝建国以后，在政治上进一步加强中央集权专制，废除元朝服制，并根据汉族人民的习俗，上采周、汉，下取唐、宋，将服饰制度做了大规模的调整，到洪武二十六年（1393 年）基本确定。

明朝廷在南京、苏州、杭州设有染织局，集中名工巧匠，从事龙衣彩缎等高级衣料的生产，并以“坐派”“召买”等形式，动用民间织户为其生产。苏州成为明代纺织业的中心，那里的纺织品种类繁多，出现了许多新型的纺织花样。比如加金线的织物不仅限于锦，还出现了金线绒、织金妆花布、织金妆花绢等新品种，大大突破了元代的水平。植棉在全国很快得到了普及，棉纺织业也迅速发展，棉花已经取代了丝、麻的地位，成为人们服装的主要原料。提花织布技术不断改进、提高，人们已能织造出各种奇巧的花布，棉织品的质量得以提高。在各种纺织技术提高的基础上，明代织物的纹样丰富多彩，主要有云纹、如意纹、龙凤鹤纹以及由花鸟虫蝶、吉祥器物、福寿字等组织起来的“吉祥图案”。

至明代中叶以后，资本主义萌芽在我国江南出现了。到明代中叶，苏州已经是“郡城之东，皆习机业”。各种丝绸、棉布等面料出现产量高、质量好的苗头，对服装质料、色彩、图案的发展起到了至关重要的作用。

二 服饰制度

明代冠服是当时材料工艺水平最高的服装，制作精美，整体配套也更和谐统一。

1 皇帝冠服（见图 1）

皇帝冠服包括衮冕、通天冠服、皮弁服、武弁服、常服等。衮冕的形制基本承袭古制。

冕，前圆后方，玄表纁里，前后各十二旒。衮，玄衣黄裳，红罗蔽膝，朱袜赤舄。皇帝在祭天地、宗庙、社稷、先农、册拜及正旦、冬至、圣节等时候着衮。

通天冠服加金博山，附蝉十二，首施珠翠。绛纱袍，深衣制。绛纱蔽膝，方心曲领，白袜，赤舄。在郊庙、省牲、皇太子诸王冠婚、醮戎时穿着。

皮弁服用乌纱蒙住，前后各十二缝，每缝缀五彩玉十二为饰，服绛纱衣，蔽膝随衣色，白袜黑舄。皇帝在朔望视朝、降诏、降香、进表、四夷朝贡、外官朝觐、策士传胪等时着皮弁。

武弁服赤色，弁上锐，十二缝，中缀五彩玉，落落如星状。赤黄色衣、裳、袷、舄。皇帝在亲征遣将时穿武弁。

常服也叫"翼善冠"，乌纱折上巾，盘领大袖黄袍，前后及两肩各织一条金色盘龙，玉带皮靴（见图 2）。

2 皇后冠服

皇后服饰有礼服、常服等。

洪武三年（1370 年）定礼服为翡翠圆冠，上饰九翠龙、四金凤、大小珠花各十二树、四博鬓、十二钿。袆衣深青绘翟赤质，五色十二等，间以小轮花。蔽膝随衣色。青袜，舄以金饰。皇后在受册、谒庙、朝会时穿礼服。

洪武三年定常服为双凤翊龙冠，首饰、钏镯常用金玉、珠宝、翡翠，诸色团衫，金绣龙凤纹，金玉带。洪武四年（1371 年）更改常服制为龙凤珠翠冠，真红大袖衣霞帔，红罗长裙，红背子。冠上加龙凤饰，衣用织金龙凤纹，加绣饰。

3 内命妇冠服

洪武三年定皇妃受册、助祭、朝会时所穿礼服为冠饰九翚、四凤、花钗九树，两博鬓，九钿。青质翟衣，青纱中单，玉革带，青袜舄。

常服为鸾凤冠，诸色团衫，金绣鸾凤（不用黄），金、玉、犀带；又定山松特髻，假鬓花钿或花钗凤冠，真红大袖衣，霞帔，红罗裙，背子，衣用织金及绣凤纹。

嘉靖十年（1531 年）始定九嫔冠服，冠用九翟，次皇妃之凤，大衫、鞠衣与皇妃同制。

洪武五年（1372 年）定内命妇冠服，三品以上为花钗、翟衣，四品、五品为山松特鬓，大衫为礼服。贵人视三品，以皇妃燕居冠、大衫及霞帔为礼服，以珠翠庆云冠、鞠衣、背子、缘襈袄裙为常服。

4 文武官员冠服

明代有赐服制度，在特殊场合特别颁赐，如谒陵、大阅、陪祀、监修实录、开经筵等。赐服分两种情况，一种是官品没有达到而越级服用；另一种是礼节，颁赐仅次于衮龙服的极其尊贵的服装，包括蟒衣、飞鱼服、斗牛服，其所带纹饰——蟒、飞鱼、斗牛被视为尊贵的纹饰，需要赏赐才能使用。

（1）祭服、朝服：洪武二十六年（1393 年）所定的祭服、朝服制度，大体上沿袭古代冠冕制。百官服装考究、繁复，反映出鲜明的阶级等级秩序。百官祭服大体与朝服相同。朝服的形制如下：

公戴八梁冠，加笼巾貂蝉、玄笔、前后玉蝉；侯戴七梁冠、笼巾貂蝉、玄笔、前后金蝉；伯与侯相同，前后玳瑁、都插以雉尾；驸马与侯相同，但不插雉尾。赤罗衣，白纱中单，青缘领，赤罗裳上有青缘边，

图 1 头戴冕冠，身穿交领大袖绣十二章冕服，内穿中单，手持笏板，留大胡子的皇帝。

图 2 戴乌纱折上巾，穿黄色盘领大袖，绣龙和十二章纹常服的皇帝。

图 3 戴笼巾貂蝉、佩方心曲领、穿朝服的官吏

图 4 头戴乌纱帽，身穿一品补服，腰束玉带和玉佩小绶的官吏。

赤罗蔽膝，赤白两色大带，革带，佩绶，白袜，黑履（见图3）。

官吏不分文武均戴梁冠，以冠上梁数辨别等级。一品为七梁冠，不用笼巾貂蝉，玉革带、玉佩，四色织花锦绶，下结青丝网玉环；二品为六梁冠，犀革带，绶与一品相同；三品为五梁冠，金革带，云鹤花锦绶；四品为四梁冠，其余都与三品相同；五品为三梁冠，银革带，盘雕花锦绶；六品七品均为二梁冠，银革带，练鹊三色花锦绶；八品九品为一梁冠，乌角革带，二色花锦绶。所执的笏板也有规定，一到五品用象牙，六至九品用槐木。明代革带外面裹以红绫青绫，上缀以犀玉金银角等，虽然叫腰带，但是系而不着腰，而是在圆领衫两胁下各有细纽带贯垂于腰带上，系挂在腰间。

（2）公服：职官公服为袍服，盘领右衽，袖宽三尺，材料用丝、纱、罗或绢。袍服所用纹样及颜色也视职官等级而定。在纹样上，一品用大朵花，径五寸；二品用小朵花，径三寸；三品用散花，无枝叶，径二寸；四品五品用小朵花，径一寸五分；六品七品用小朵花，径一寸；八品以下，袍服无纹。在颜色上，一品至四品用绯色，五至七品用青色，八至九品用绿色。穿公服者头戴幞头，两旁的展角各长为一尺二寸。至于腰带，一品用花玉或素玉，二品用犀，三品四品用金荔枝，五品以下用乌角。青革鞋、皂靴。每日早晚奏事及待班、谢恩、见辞时穿着；在外文武百官，每日公座时穿着。

（3）常服：洪武三年（1370 年）规定，凡常朝视事用乌纱帽（见图 4）、团领衫、革带。常朝视事指官员在官署内处理公务。它虽称为“常服”，实际也是一种公服，只是形制比较简单。

（4）燕居服：嘉靖七年（1528 年）规定，品官燕居服为忠靖冠，以勉励百官“进思尽忠、退思补过”，通过服饰来强化意识形态。忠靖冠的冠框用乌纱包裱，两山都列在后面，冠顶方中略微鼓起，三梁都压以金线，冠边用金片包镶。四品以下用浅色丝线压边，不用金边。衣服款式仿古玄端服，衣袖两尺两寸，衣长也是两尺两寸，正裁，上衣与下裳分开，用深青色纻丝或纱、罗制作。三品以上燕服织云纹，四品以下燕服为素，蓝青色镶边，前后饰花样补子。深衣用玉色，素带，素履，白靴。凡在京七品以上官及八品以上翰林院、国子监、行人司、在外地方官及各府堂官、州县正堂、儒学教官及都督以上武官都可穿燕居服。

5 命妇冠服

洪武元年（1368 年）定朝服。花钗冠，一品九树，二品八树，三品七树，四品六树，五品五树，六品四树，七品三树。服用翟衣，绣翟数不等，一至五品衣色随夫用紫，六品七品衣色随夫用绯。

洪武四年（1371 年），外命妇不穿翟衣朝服，以山松特髻、假鬓花钿、真红大袖衣、珠翠蹙金霞帔为朝服，以朱翠角冠、金珠花钗、阔袖杂色绿缘为燕居服。

洪武二十六年（1393 年）又定，一品用金冠，珠翟五，金翟二，二至四品用金冠，珠翟四，金翟二。一品二品的霞帔、背子为云霞翟纹，钑花金坠子；三品四品的霞帔、背子为云霞鸳鸯纹，镀金钑花银坠子；六品七品为云霞练鹊纹、钑花银坠子；七至九品用抹金银冠，珠翟二，抹金银翟二，其中七品霞帔、背子、坠子与六品相同；八品九品霞帔用绣缠枝花纹，坠子与七品相同，背子用绣摘枝团花纹。

6 士庶

士庶服饰也有定制。一开始，庶人婚嫁时穿九品冠服。洪武三年（1370 年），改四带巾为四方平定巾，穿杂色盘领衣，不许穿官服色。

7 其他

明代服制除以上规定以外还有以下禁例：凡职官衣料，一品二品用杂色文绮、绫罗、彩绣，帽顶、帽珠用玉；三至五品用杂色文绮、绫罗，帽顶用金，帽珠除玉以外均可用；六至九品用杂色文绮、绫罗，帽顶用银，帽珠用玛瑙、水晶、香木。官吏衣服、帐幔不许用玄、黄、紫三色，不许绣龙凤纹。天顺二年（1458 年）又规定官民服饰不许出现蟒龙、飞鱼、斗牛、大鹏、像生狮子、四宝相花、大西番莲、大云等花样，黑、绿、柳黄、姜黄、明黄诸色也在禁忌之列。

民间男女不得用金绣、锦绮、苎丝、绫罗，不得用大红、雅青及黄色，只许穿绸、绢、素纱。靴不得裁制花样，不得用金绒装饰。首饰、钗、镯不许用金玉、珠翠，只能用银。庶人巾环不得用金玉、玛瑙、珊瑚、琥珀，庶人帽不得用顶，顶珠只许用水晶、香木。农夫可用绸、纱、绢、布，商贾只准用衣绢、布等。洪武二十五年（1392 年）规定民间不许穿靴，只许穿皮札𩋾，北方寒冷之地可用直缝靴。

第二节　典型形象及服饰

一　补子及其文化意义

洪武二十四年（1391 年），职官常服用补子分别等级，即在袍服的前胸和后背缀一块方形补子，文官纹禽、武官绣兽，以示区别。

其中，公、侯、驸马、伯用麒麟、白泽纹。文官一品用仙鹤纹，二品用锦鸡纹，三品用孔雀纹，四品用云鹤纹，五品用白鹇纹，六品用鹭鸶纹，七品用黄鹂纹，八品用黄鹂纹，九品用鹌鹑纹。武官一品、二品用狮子纹，三品四品用虎豹纹，五品用熊罴纹，六品七品用彪纹，八品用犀牛纹，九品用海马纹。其余杂职都用练鹊纹，宪官（法官）用獬豸纹。

补子是明代服装形象的重要标志，带有深刻的文化性。补子是具有明显符号意义的图案，明代力求从中体现官员的威仪，同时又不失形式之美。

二　男子服饰

1 男子典型形象

明代男子多用袍衫，大襟右衽，衣袖宽大，下长过膝，戴网巾、四方平定巾、儒巾等，一副儒雅的文人装扮（见图 5）。

2 男子典型服饰

明代男子服饰主要有直身、罩甲、襕衫、裤褶、曳撒等，多承袭前代，只在色泽、长短上有变化。

（1）罩甲：罩甲有两种——一种为对襟，一般军民步卒等不得穿用，只有骑马的人可以穿用；另一种为不对襟，士大夫可以穿。从形象上来看，罩甲要比甲长。

（2）褶子：褶子为明代男子的常用便服，男子不分尊卑都可以穿，尤以官吏、士人所穿居多。其式或用交领，或用圆领，两袖宽大，下长及盖膝，腰部以下折有细裥，状如女裙。

（3）曳撒：它又称“一撒”，也是袍衫一类的服装，一般用纱罗、苎丝制成，大襟、长袖。衣身前后形制不一，后为整片，前则分为两截：腰部以上和后片相同，腰部以下则折有细裥，细裥在两侧，中间没有。曳撒在明初为官吏和内侍所用，到了明代晚期，演变为士庶男子的便服，居家访友都可穿。

三　女子服饰

1 女子典型形象

明代妇女多梳髻、扎额，穿对襟袍、背子、比甲或襦裙，远远看上去修长而秀美。

2 女子典型服饰

明代妇女的服饰主要有背子、衫、袄、帔子、比甲、裙子等，衣服的基本样式一般为右衽。普通妇女的装束简朴，多为紫花粗布，不许用金绣。袍衫只能用紫色、绿色、桃色等间色，不许用大红、鸭青与正黄色。

（1）背子：背子在明代使用比较广，上用于皇后朝服，下用于民女衣着。背子一般分为两式：一是合领、对襟、大袖，为贵族妇女的礼服；二是直领、对襟、小袖，为普通妇女穿着。

（2）比甲：比甲产生于元代，初为皇帝所穿，后普及民间，成为一般妇女的服饰。通常采用直领对襟，其样式类似后来的马甲，但比马甲长，下摆过膝，所用衣料以彩锦为多，有时还纳以棉絮，多用于乍暖还寒之季（见图6）。

（3）裙：明代妇女下裳多穿裙，穿裤者很少。裙子的颜色一开始浅淡，虽然有纹饰，但不明显。到了崇祯初年，裙子多用素白，仅在群幅下边一两寸处绣以花边作为压花脚。裙子式样讲求八至十幅料，甚至更多。腰间细缀数十条褶，行动起来犹如水纹。后又时兴“凤尾裙”，即用绸缎裁剪成大小规则的条料，每条绣以花鸟图纹，两边镶以金线，然后拼制成裙，更有以整段折以细缝，做成“百褶裙”，这都与当时纺织技术的进步有密切的关系。

（4）水田衣：明代水田衣是一般妇女的服饰，是一种用各色零碎锦料拼合、缝制而成的服装，看起来像僧人穿的袈裟。因为整件衣服上大小不等的衣料纵横交错排列，看起来像水田，所以其被称为水田衣。水田衣在唐代就已经出现，王维诗中就有“裁衣学水田”的描述。它具有其他服饰无法具备的特殊效果，简单别致，得到明代妇女的普遍喜爱。水田衣的制作，在开始时还比较注意织料的匀称效果，各种锦料都事先裁成长方形，然后有规律地编排缝制成衣。到了后来就不再那样拘泥，织锦料子大小不一，参差不齐，形状也各不相同，和戏台上的“百衲衣”（又称“富贵衣”）十分相似。

四　服饰品

古代服饰发展到明代，最突出的特点就是用前襟纽扣代替了几千年以来的带结。但纽扣并不是始于

图 5 戴方巾、穿淡褐色右衽大袖的文人，领口、袖口和下摆都有黑色缘边，腰束细带。

图 6 上半部分为一群交头接耳的男子。有的穿大领右衽大袖袍服，戴方巾；也有的穿圆领窄袖衫，戴风帽；还有的戴平定四方巾、六合统一帽。下半部分为一群女子。她们的穿着整体看上去都很苗条修长、柔美，梳髻戴勒眉，穿比甲、长裙、围腰，或圆领对襟大袖衫，还有一个丫鬟穿比甲。

图 7 头戴假髻的明朝女子

明代，元代的辫线袄子的腰围部分就曾经出现过钉纽扣的形式。

1 男子典型佩饰

明代男子常用巾和帽，除采用唐宋的制度以外，由于习用已久，对元代的形制也做了部分保留，比如质孙服和笠子大帽。因此明代巾帽比较丰富，除了常服之用的乌纱帽以外，主要的还有网巾、方巾、儒巾、六合一统帽及笠类帽。

（1）乌纱帽：乌纱帽是一种用乌纱制作的官帽，前低后高，两旁各有一翅，通体皆圆，帽内用网巾束发。乌纱帽的式样和晚唐五代的幞头略同。其基本样式在明代官服中运用得很多。官员常朝视事戴乌纱帽，重大朝会、奏事、谢恩等戴漆纱幞头。皇帝常服所戴的乌纱折上巾，样式与乌纱帽基本类同，只不过将左右两翅折向上，竖于纱帽后。因此，明代乌纱帽之制使乌纱帽成了为官的象征。

（2）网巾：网巾即一种系束发髻的网罩，多用黑色细绳、马尾、棕丝编织而成，造型类似渔网。除了束发，它还是明代男子成年的象征。这种网巾一般衬在官帽之内，也可以直接露在外面。这种样式最早出现在民间，后被朝廷采用而成定制，成为明代官民通用的首服组成部分。

（3）方巾：方巾即明代读书人的一种头巾，是一种缝制成四方形的便帽。其以黑色纱罗制成，可以折叠，展开时四角皆方，故名“方巾”。明太祖又以“四方平定巾”之名颁布天下，并规定为儒生、生员和监生等文职人士所专用。

（4）六合一统帽：六合一统帽又称“小帽”，就是俗称的“瓜皮帽”，用六片、八片拼合的方法裁制，夏季用棕或漆纱制成，冬季用绒或毡制成，帽顶有平、圆两式。其本为执役厮卒所戴，因为便利，也为士庶日常所戴。这种帽子据说是会合天地四方，寓意国家一统，所以称“六合一统帽”。

除以上巾帽以外，明代还有沿袭前朝、略有变化的各种方巾，如汉巾、唐巾、诸葛巾、华阳巾等等。其余帽式多为笠类帽，如遮阳帽、方斗笠等等。

2 女子典型佩饰

明代服装的一个特色就是在襟上佩挂饰物，并且十分醒目。这些饰物都是用金、珠、玉等材料做成的，其中垂挂在胸前的叫“坠领”，系在前襟的叫“七事”，走起路来有响声的叫“禁步”。这些佩饰统称叫“杂佩”。

3 女子典型发式

明初妇女发髻基本保持宋元时的样式，嘉靖以后，变化渐多。这个时期妇女的发髻有桃心髻、后垂状的堕马髻、高髻、牡丹头、荷花头、芙蓉头等。明代戴假髻的现象也很普遍。假髻有两种形制：一种是在本身的头发里掺入部分假发，并衬以特制的发托，以抬高发髻的高度；另一种假髻则全部用假发做成，使用时直接戴在头上。到了明末，假髻的名目更加繁多，有“罗汉髻”“懒梳头”“双飞燕”等等（见图 7）。

妇女当时盛行戴珠箍（用彩色丝带穿以珍珠悬挂在额部）。年轻妇女还有戴头箍的风尚，其式样、用料不尽相同，冬季用毡、绒等，制成中间窄两头宽的形状，外表覆以绸缎加彩绣，考究的还要缀以珠宝，两端用扣，用时围绕额上，扣在后面。它因有御寒的作用，又被称为“暖额”。富贵女子冬天用水獭、狐狸、貂等兽皮制成的暖额，围在额上如兔蹲伏，所以被称为“卧兔”。用鲜花绕髻也是明代妇女的时兴装饰。

思考题

1. 明朝的吉祥图案品种繁多，有着浓郁的民俗特色，试找出几种进行分析。

2. 明朝后期出现的资本主义萌芽对服饰有哪些影响?

第八章

CHAPTER 8 清代服饰

本章主要内容：本章主要介绍清代的服饰制度和一些典型的服装形制。清朝是由满族建立的少数民族政权，在服装形式上和汉人有很大区别。清建立政权以后，一方面强制推行满服，另一方面也吸收汉族服饰中的精华部分，在两者的相互影响下，华夏服饰呈现出另一种瑰丽的色彩。满族妇女主要穿袍服，梳旗髻，穿高底旗鞋，这些服饰使她们看起来比任何一个朝代的妇女都要高大。汉族妇女沿袭明代服饰，但在服装装饰上要精细得多。清朝的服饰大量采用刺绣，刺绣的部位和手法各一，使服装更像一幅穿在人身上的流动画，奢华而艳丽。清朝男子的主要服饰有长袍、马褂、马甲、裤和靴等。清朝男子服饰最典型的地方就是马蹄袖。这种袖子紧而窄，可脱卸，方便合体，是男子服饰特征的最好概括。

建议学时数：3

第一节　社会背景与服饰制度

一　时代背景

满族人民原居住在我国东北长白山一带，后迁到赫图阿拉（今辽宁省新宾）。清太祖努尔哈赤将赫图阿拉扩建成兴京城。后来，满族人又相继吞并哈达、辉发、叶赫、乌喇以及内蒙古和东北各部，到天命元年（1616 年），国号被定为“金”（后金）。顺治元年（1644 年），旗人趁明朝没落、李自成农民政权还没有完全稳固，在原明朝山海关总兵吴三桂的帮助下，发兵入关，建立了清王朝。顺治二年（1645 年），统治者在服饰方面进行了重大变革。首先是严令汉族官民依照满族的制度剃发留辫，其次就是在顺治三年（1646 年）十二月制定了服饰制度。

自乾隆以后，清朝政治日趋腐败，统治阶级对广大劳动人民的压榨更加残酷，阶级矛盾日益尖锐，农民运动风起云涌。清政权对内压榨人民，对外屈辱于帝国主义列强的强权势力。为了挽救其封建王朝，在“中学为体，西学为用”的思想指导下，清政府在同治四年（1865 年）开始向国外派遣留学生，光绪二年（1876 年）又选派武弁到德国学习水军、陆军等方面的知识和技术。这些留学生在国外接触和学习了先进的科学知识，同时也接受了许多开放的思想和包括服饰在内的一些西方的生活习惯。有的人剪去了发辫，改穿西式服装。因当时按西洋体制操练新军，学生也学习西学，所以军队和学生采用西式的操衣、操帽和军装、军帽。

二　服饰制度

1 皇帝冠服

皇帝服饰有朝服、吉服、常服、行服等。

（1）朝服：冠分冬夏，冬用薰貂、黑狐；夏织玉草、藤竹丝，上缀朱纬。顶三层，各贯一珠，皆承四条金龙，饰以东珠，上衔一颗大珍珠。朝服为明黄色，只有祀天用蓝色，朝日用红色，夕月用白色。两肩前后有一条正龙纹，腰帏有五条行龙纹，衽有一条正龙纹，襞积前后各有九条团龙纹，裳有两条正龙纹、

图 1 穿朝服的皇帝。皇帝戴夏朝帽，挂朝珠，披领，腰束朝带，穿皂靴。

图 2 穿朝服的皇后。皇后戴朝冠，另佩有金约、耳环、领约、朝珠、彩帨。

四条行龙纹，披领有两条行龙纹，袖端各有一条正龙纹，列十二章。龙袍为明黄色，绣金龙九条，列十二章，间以五色云（见图 1）。

（2）吉服：冠冬用海龙、薰貂、紫貂，夏织玉草或藤竹丝，红纱绸里，石青片金缘边，上缀朱纬。顶满花金座，上衔一颗大珍珠。吉服即龙袍，领、袖都用石青片金缘边。绣纹金龙九条，列十二章，间以五色云，下幅为八宝立水。

（3）常服：冠与吉服相同，只是以红绒结为顶。褂色及花纹随所用。

（4）行服：冠为两式，冬用黑狐或黑羊皮，样式与常服冠相同；夏用藤或竹丝，红纱缘边，上缀朱牦。顶及梁都为黄色，前缀一颗珍珠。行袍行制与常服褂相同，只是长度减十分之一，右裾短一尺，色彩花纹随所用。行褂为石青色，长与坐齐，袖长及肘。另配朝珠、朝带、衮服、端罩等。

2 皇后冠服

皇后服饰有朝服、吉服、龙褂、龙袍等。

（1）朝服：朝服由朝冠、朝褂、朝袍、朝裙组成。冠冬用薰貂，夏用青绒制成。上缀朱纬，顶三层，各贯一颗东珠，皆承以金凤，各饰三颗东珠，十七颗珍珠，上衔一颗大东珠。朱纬上周缀金凤、珠宝。冠后护领垂两条明黄条，末端缀以宝石。朝褂有三种形制，都用石青片金缘边。绣纹都用龙，或正龙，或飞龙，中施襞积（其中有一式不用），下幅或为行龙纹，或为八宝平水及万福万寿纹。朝袍有五种形制，都用明黄色，上织龙纹。朝裙用红色织金寿字缎制成，夏用纱，边饰片金缘或海龙缘（见图2）。

（2）吉服：冠用薰貂制成，上缀朱纬，顶部用东珠。

（3）龙褂：龙褂全是石青色，片金缘边，绣五爪金龙八团纹。

（4）龙袍：龙袍为明黄色，或绣九条金龙，或绣金龙八团。另有金约、领约、耳饰、朝珠、彩帨等饰物。

3 文武官员冠服

文武官员服饰有朝服、吉服、端罩、蟒袍、补服等。形服等级用冠帽顶子、蟒袍以及补服纹饰区别。

（1）朝服冠：一品至七品为镂花金座。其中一品中饰东珠，上衔红宝石；二品中饰小红宝石，上衔镂花珊瑚；三品中饰小红宝石，上衔蓝宝石；四品中饰蓝宝石，上衔青金石；五品中饰小蓝宝石，上衔水晶石；六品中饰小蓝宝石，上衔砗磲；七品中饰小水晶，上衔素金；八品镂花阴文，金顶无饰；九品镂花阳文，金顶；未入流者视九品。

（2）吉服冠：冠顶多与朝服冠相同。只是冠后又拖一条孔雀翎子，有单、双、三眼之分，无眼之翎称“蓝翎”。六品以下用蓝翎，五品以上用花翎。双眼之翎为特赏之饰，三眼之翎只有贝子可戴。

（3）蟒袍：其为蓝、石青等色。一品至三品绣五爪九蟒，四至六品绣四爪八蟒，七至九品绣四爪五蟒。

（4）补服：自亲王以下均有石青色补服，胸前背后各缀补子。文官补服绣禽纹，武官补服绣兽纹。贝子以上皇亲的补子为圆形，绣龙蟒，其余都是方形。

文官一品绣仙鹤纹，二品绣锦鸡纹，三品绣孔雀纹，四品绣云雀纹，五品绣白鹇纹，六品绣鹭鸶纹，七品绣鸂鶒纹，八品绣鹌鹑纹，九品绣练雀纹。武官（见图3）一品绣麒麟纹，二品绣狮子纹，三品绣豹纹，四品绣虎纹，五品绣熊纹，六品绣彪纹，七品八品绣犀牛纹，九品绣海马纹，都御史等法官绣獬豸纹。文官五品、武官四品以上及科道、侍卫等均悬挂朝珠，朝珠用杂宝及诸香制成。

4 命妇冠服

命妇冠服从其夫。另有金约、领约、彩帨、朝裙、朝珠等制度，按品级各有不同。

5 士庶冠服

士庶冠服为状元顶带，视为六品，服制也与其相同。举人、官生、贡生、监生为冠带，视为八品，皂绘、青缘。生员冠带视九品，青绘、皂缘。

6 其他

清代服饰除以上制度以外，还有如下的规定：官民不可以穿着五爪龙缎、立龙缎等，如有特赐者，也应挑去一爪穿用。军民一律不得穿着蟒缎、妆缎、金花缎、片金、倭缎、貂皮、猞猁狲等。八品以下官员不得穿黄色、香色、米色及秋香色。奴仆、伶人、皂隶只准穿茧绸、毛褐、葛布、梭布等。

随着满汉两族人民在经济文化上日益深化的交流和融合，满族人有时也私下尝试穿汉服。清代汉服直接沿用了前代的某些服饰形式，其中最明显的就是继承了明代服装上的补子，只不过明代的补子是用在常服之上，清代则将其用于官服而且式样略小。清代沿袭了旧制，而且从中国历代服装的沿革史来看，清代服饰制度最庞杂、繁缛，条文规章也多于以前任何一个时期，其服装制度体现了严厉的封建等级专制的思想。

第二节　典型形象及服饰

清代在服饰制度上坚守旧制，从根本上废除了明朝的服制。其衣冠的形式（尤其是男子服饰）保持着鲜明的满族人的服饰特点，最显著的就是将汉人的宽衣大袖改为紧身窄袖的样式，而其最具有特色的结构就是“马蹄袖”。这种结构可以方便地卷上、掩下，可以有效地保证双手在北方寒冷的气候条件下进行更灵活有效的操作。另外，清代上衣都用纽扣做连接件，这使穿衣的程序得到极大的简化，也为衣襟和衣领的形式和结构设计提供了更多的变化。

一　男子服饰

1 男子典型形象

清代男子的服装一改明朝宽博的形象，衣服变得紧窄，便于活动。衣身变短，袖口变小。清代男子剃发，只留脑后的发辫，戴圆锥形的官帽或者瓜皮小帽等，整体形象圆润、精神，基本废除了明代的高冠。

2 男子典型服饰

（1）补服：补服也叫“补褂”，前后各缀一块补子（见图4），形式比袍短、比褂长，平袖口，对襟，又称“外褂”或“外套”。它是清代主要的官服形式，可供穿用的时间和场合最多。补服用补子的花纹来表示官员的职位差别。

（2）端罩：端罩为职位较高的官吏和皇族近臣及侍卫所穿服装，形式与补服相似。清代裘皮装一般是毛在里面，而端罩的毛是露在外面的。

（3）行褂：行褂比常服褂短，衣长与坐时齐，袖长及肘。

（4）行袍：行袍形制同常服袍，只不过衣长比常服袍减短十分之一，右面衣裾减短一尺，以便于乘骑之需，故又称“缺襟袍”。人们平时即把这短缺的一幅用纽扣挂齐，就与常服袍一样。庶官、臣工扈行、行围人员都穿这种行袍。这种行装也可以当作礼服用，比如文武官员出差、诣客不必外加外褂，只需穿对襟大袖马褂加上行袍即可。

清代男子日常穿的服装，包括品官及低级役使等所穿用的便服主要有马褂、马甲、衫、长袍、衬衫、短衫、袄、裤、套裤等。

图 3 关天培画像。他头戴冬朝冠，身穿补服和马蹄袖，另有披领、朝珠，脚蹬皂靴。从他补子上所绣兽纹可以看出他是武官。

图 4 武三品官补子——豹

图 5 戴暖帽，穿琵琶襟马褂、有马蹄袖的开衩袍和皂靴的官吏。

图 6 “十三太保”。上用 7 颗纽扣将前衣片和后衣片相连，两边各用 3 颗纽扣将侧面与衣身固定，因为衣服上总共有 13 颗纽扣，所以被形象地称为“十三太保”。这样的衣服形制方便脱卸，充分体现了游牧民族长途迁徙，要求行动便利的民族习惯。

（5）马褂：马褂加在长衣袍衫之外，比外褂要短，衣长仅到脐部。马褂有长袖、短袖、宽袖、窄袖、对襟、大襟、琵琶襟（见图5）等款式，袖口平直，多为马蹄袖。马褂按季节可以分为单、夹两式，其质料除绸缎、棉等织物外，还有皮毛等。大襟马褂衣襟开在右边，四周有异色的缘边，多为日常穿着。琵琶襟马褂右襟短缺，与缺襟袍相类似，也叫作“缺襟马褂”，多用作行装。皮毛制的马褂都将毛穿在外面，称为“翻毛皮马褂”，多为达官贵人所用。

（6）马甲：它叫作“背心”“坎肩”，也叫作“半臂”。其用皮制作，衬于袍套之内，如果乘马行走觉得热时，就可以探手在衣内解掉上排纽扣，仆人再解两边的纽扣，将之拉引而脱掉，可免换脱外衣之累。人们后来就把它穿在外面，因衣服上总共有13颗纽扣，俗称“十三太保”（见图6），有单、夹、棉、纱之分。早先只有王及公主才能穿，清后期便人人能穿了。马甲式样十分短小，只到腰下，也有琵琶襟、大襟、对襟等款式，并在四周和襟领处镶以异色边缘。其中，有一种多纽扣的马甲比较出名，其前胸横做一字形分割，用纽扣系结，称为“一字襟马甲”。奴仆等用红、白麂皮做马甲，普遍人用与马褂差不多的面料和颜色做马甲，苏州地区则喜欢用黑色，后来也改用其他颜色。

（7）长袍：与传统袍式相比，清代袍式外观有显著的变化，松度适体，另出现开衩的式样，为袍式的一种变化发展。长袍为清代男装的主要式样，造型简练，立领直身，前后衣身有接缝，下摆有两开衩、四开衩和无开衩几种。皇室贵族为了便于骑射，穿四面开衩长袍，即衣身前后中缝和左右侧缝均有开衩。平民则穿左右两侧开衩或穿“一裹圆”的不开衩长袍（多为女式）。

（8）套裤：套裤有单、夹、棉、皮之分，套裤的形式为上口尖而裤管平，平时露出臀部及大腿后上部，采用缎、纱、绸、呢等面料。这种服装适合人们跪或蹲在水田中工作时穿。

（9）裤：由于北方气候寒冷，大多数的裤在近踝骨的地方用形状扁宽的扎脚带扎扣，扎脚带的末端有装饰性的流苏。冬天的棉裤也是如此，南方也有类似的款式。

二　女子服饰

1 女子典型形象

因为“男从女不从”的原因，清朝汉族女子基本沿用明代服饰式样，上身袄衫，下身裙、裤。满族女子穿袍，并且不裹脚。

2 女子典型服饰

（1）满族妇女服饰：满族妇女所穿长袍为简化后的礼服，不用马蹄袖，袖口平而较大，衣长可掩足。贵族仍用团龙、团蟒花纹，一般为丝绣，纹样较自由。袖端及衣襟、衣裾也镶各色边缘，而且有较低的领座，后来渐为加高。不用领时在颈间围以一条围巾。这种长袍开始时很宽大，到了后来腰身渐渐变小（见图7）。妇女在穿长袍时往往喜欢在上身加罩一件短小而绣花的坎肩（马甲）。这种长袍到后来演变成汉族妇女的主要服饰之一，即后来的旗袍。

满族妇女的发式主要有“二把头”“大拉翅”等。满族妇女的鞋底很高，普通为一至二寸间，后来又增高，甚至有四到五寸高的。鞋底形状上宽而下圆，形似花盆，俗称“花盆底”。底为木制，中部成马蹄状，踏地时印痕若马蹄，所以也叫“马蹄底”（见图8）。穿着这种高底鞋的主要是中青年妇女，

图7 穿常服的皇太后。头顶的大拉翅与宽大的衣身平衡，寿字团的缘边、吉祥装饰显得十分精巧，脖子上的围巾和手中的团扇更是不可缺少。

图8 高底的旗鞋。鞋跟放在中间，中部有曲线过渡，使鞋在整体上轻巧精致了很多，鞋面绣满花纹。

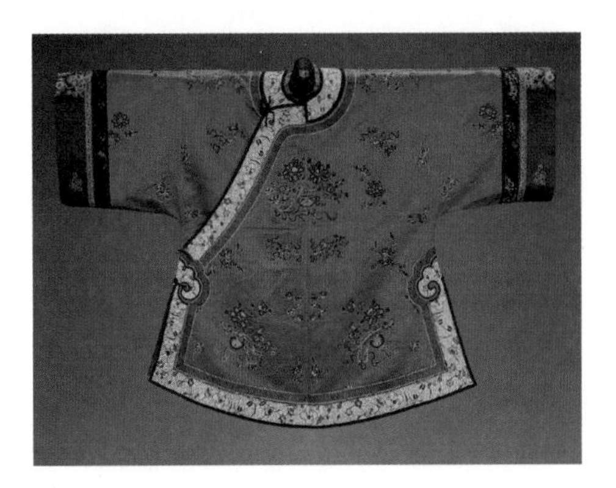

图9 镶花边的襦。衣服整体呈对称的结构，在缘边加上精彩的刺绣，独具鲜明的美感。刺绣图案非常精致和谐，而且在开衩口都有吉祥的如意头装饰。

图10 朝珠

年老者仅以平木制作，叫“平底”，少女到十三四岁才可以穿此鞋。到清代后期，梳“二把头”、穿长袍、蹬高底鞋已经成为宫中的礼装，慈禧太后也常穿此装。

（2）汉族妇女服饰：清代汉族妇女的服饰种类繁多，包括裙、背心、一裹圆、皮衣出锋、大衣、一扣钟、云肩、围巾、饭单、手笼、手套、抹胸、马甲、手帕等。

清代妇女的裙子都系在上衣内。清初，苏州妇女崇尚“百裥裙”，将整幅缎子打成细裥。有一种名叫“月华裙”的款式，一裥中五色俱备，好像月亮呈现晕耀光华。后来又有“弹墨裙”，其或叫作“墨花裙”，是用墨弹色而成，淡雅而别具风味。在康熙、乾隆间有“凤尾裙”，是用缎子裁剪成条，条上绣花，两边镶以金线，然后再拼接而成。到咸丰、同治年间又有一种“鱼鳞百褶裙”，其裙褶处能张展紧缩，展开时如鱼鳞状。中期以后西洋印花布也可用作裙子面料，此外还有“金泥簇蝶裙”“绣凤凰裙”“百蝶裙”等。镶滚彩绣是清代女子服饰的一大特色，一般在领、袖、前襟、下摆、衩口、裤口等边缘施绣，镶滚花边。其多为在最靠边的一道留阔边，而后镶一道宽边，紧跟着为两道窄边，以绣、绘、补花、镂花、缝带、镶珠玉等手法为饰。早期镶滚彩绣为三镶五滚，后来越来越繁复，发展为九滚十八镶，以至连衣服面料都显现不多了（见图9）。

三　服饰品

1 男子典型佩饰

（1）花翎：花翎是冠上向后下垂拖着的一根孔雀尾的翎羽，尾端有像眼睛而极灿烂鲜明的一圈，叫“眼”。冠上缀一根用玉、珐琅或花瓷做的翎管，管内插以翎羽。《分甘余话》载：“本朝傍卫皆于冠上戴孔雀翎，以目晕（即所谓眼）之多寡为品之等级。武臣提督及总兵亦有赐者，后文臣督抚抑或蒙赐得之者为幸。”

（2）披领：披领加在颈间而掖之于肩上，两隅略呈尖锐状，有冬夏之分。文武大小官员在穿大礼服时所用，命妇也如此。

（3）硬领、领衣：清代的礼服按例是无领的，要另外在袍上加硬领，春秋面料为湖色的缎，夏天为纱，冬季为皮毛或绒，有丧的人为黑布。领衣是连接于硬领之下的前后两长片，有些像长长的牛舌，所以人称“牛舌头”。考究的领衣要用锦缎为面料或绣花装饰。领衣之外加外褂，如穿行装则加于袍内。

（4）马蹄袖：凡作为礼服之袍的袖端，都被做成马蹄形。其因形状似马蹄而得名。起初装马蹄袖是为便于骑马射箭，所以这种袍又被称为“箭衣”。这种袖式在清代男子和八旗妇女的衣服上都有应用。有时将不开衩的袍当作礼服用时，则在衣袖的夹缝中用纽扣将另制的马蹄袖扣上，俗称“龙吞口”；行礼完毕以后将马蹄袖解下，袍仍作日常便服之用。

（5）朝珠：朝珠挂在颈项间垂于胸前，由108颗圆珠串成，根据官品其有不同的形制及质料。朝珠用细条贯穿，有后引垂于背后。朝珠上还附有三串小珠，其中两小串是男在左面，女在右面。贯串的条线，皇帝用明黄条，官员则为金黄条及石青条。定制朝服用三盘朝珠，吉服则用一盘（见图10）。

（6）腰带：腰带有朝带、吉服带、常服带、行带，除朝带在版饰及版型的方圆上有定制外，其余三种在版式上随所宜而定。

（7）靴：清代的靴都为尖头式，官员在入朝时所穿的靴为方头，亦沿用明代制式。

（8）帽：民间帽式有小帽（西瓜皮帽）、毡帽、风帽、皮帽、狗头帽、笠帽、耳套等。

2 女子典型佩饰

清末妇女衣袖很短，常露出紧窄的里衣袖，在手腕间往往戴上手镯，有的戴上几副。也有人在领下门襟第二重纽扣上挂由几种杂宝串起来的“多宝串”。

3 女子典型发式

清初，妇女发式基本沿袭明朝款式，年纪稍长的人就用锦绫包头。以后，清代妇女又流行元宝头、苏州罢、抛家髻、狮江望长江、平三套、连环髻、双飞蝴蝶等款式，留长短不一、卷直各异的刘海，戴鲜花、假花、珠花或翠花等。清代妇女们的装束和发式在不同时间和地域各不相同，款式可以分成沪式、苏式、京式、广式、宁式、维扬式等不同的流派，这些流派之间相互影响，使妇女的形象更生动多变。

思考题

1. 清朝基本废除了明朝服制，试举例比较两朝服制之间的不同。
2. 清朝的服制充分体现了封建等级的思想，从哪些地方可以看出来?

第九章

CHAPTER 9 辛亥革命后的近代和现代服饰

本章主要内容：从 1840 年鸦片战争到 1919 年五四运动属于我国的近代时期，五四运动以后我国进入现代。在清政府统治末年，洋务运动、维新变法、派遣留学生出国学习、军队改革等措施相继实行。尽管在封建专制的基础上，这些措施根本无法取得真正的效果，但是对于西方思想的传播有着重要意义。中国的服装在中西文化的碰撞中，在民族内部文化间的磨合中，渐渐形成了新的特点。到了辛亥革命以后，中国历史更是发生了翻天覆地的变化，服装很好地见证了中国社会的巨大变革。根据不同的历史背景，我们可将辛亥革命以后的近现代的服装形态大致分成 20 世纪初、20 至 30 年代、30 年代末至 40 年代、50 年代、60 至 70 年代、70 年代末至 80 年代和 90 年代七个不同时期。

建议学时数：3

第一节　20 世纪初

一　时代背景

在辛亥革命以前，一些中国人虽然在国外接受了西方的装扮，但回国以后还得戴假发，穿大褂长袍。太平天国有着与清朝不同的服饰制度，女子甚至废除了裹足陋习，但在本质上还是没有超越封建等级思想。社会主体服装受西方服饰的影响很小，服饰的交流主要局限于不同民族间。到了 20 世纪初，辛亥革命爆发，中国彻底推翻了封建专制的统治，建立了民主共和国。孙中山先生率先引进了高领军装和西式裤子，并且南京临时政府的官员无论官阶大小都着同样的制服。从此，在中国社会上演了几千年的传统冠冕服饰连同它森严的等级制度、礼仪规范失去了法律的保护，中国服饰进入了一个开放、蓬勃、融合的发展时期。

二　典型服饰

1. 男子服饰

辛亥革命取消了原先的封建服装禁令，但封建意识还是或多或少地存在，不同阶层的人根据经济状况、社交范围和政治信仰选择不同的装束。

长袍马褂是最常见的装束，作为礼服时还有一定的格式。身穿长袍马褂者下身一般穿中式裤子，民初这种裤子比较宽松，裤脚用绸带系扎（见图 1）。

其他的装束还有西服、日式学生装等。这些服装也只是集中出现在少量官吏、知识分子和学生中间。日式学生装从欧洲西装造型的基础上派生而来，直立领，胸前有一个大口袋，而腰身、衣袖的结构均类似于西装。

一般乡间和劳动人民的主要装束还是上着衫袄、下着裤子。

图 1 穿马褂或马甲、长袍、棉鞋，理短发，站在西式建筑旁边的男子。

2 女子服饰

辛亥革命带来的思想变革在女子服饰发展中相对滞后。政府颁布的女子礼服形制未能在民间推广，在日常生活中，女子仍旧穿袄裙、旗袍。这时的旗袍还是平面结构，宽大、松身。袄裙在辛亥革命前后的具体样式有所不同，之前是衣身长宽，袖口大而有缘边，肩部有装饰；之后衣身变短，袖、襟等处的缘边和镶饰渐少，但衣领特别高。有时下摆呈圆弧形，上衣外面还加穿一件背心。下面的裙装变成十二裥或二十四裥的样式，裙长至足，裙边和裤口有镶饰。

3 服饰品

一般长袍马褂配穿瓜皮帽或罗宋帽，穿布鞋或棉靴；西装配西式礼帽、皮鞋；学生装则配西式礼帽、鸭舌帽或阔边帽，穿皮鞋。

值得注意的是，服饰品的应用此时与地区密切相关。例如上海已经引进了欧洲的高跟鞋，但其他地区的大多数妇女还在裹脚；大多数的都市妇女都已经头披白纱举行“文明婚礼”，在广大的农村仍是红袄珠冠的旧礼俗。

第二节　20 世纪 20 至 30 年代

一　时代背景

五四运动以后，中西文化的交流更加广阔深入。西式服装穿着方便、款式多样、造型独特，逐渐获得更多人的青睐；而中式传统服装也仍然为人们心目中的佼佼者。在西式服装发展的同时，中式服装也在不断吸取其他服装的长处来弥补自己的不足，中西式服装并存且不断地走向现代化。五四运动使更多的妇女思想得到了解放，20 世纪 20 至 30 年代是中国妇女服饰演变的重要阶段。

二　典型服饰

1 男子服饰

除了民国初年以来就有的样式，男装还出现了具有重大变革意义的新装。

（1）中山装：这是在学生装的基础上发展起来的款式。此时的中山装后背开缝，下端开衩，后背腰节处装有横带，前身做四个明袋，其中下面两个大袋为琴式袋，各袋都有褶裥和袋盖，门襟钉七粒扣，袖口钉两至三粒扣。

（2）中西合璧的式样：这是民国中后期出现的一种较为时兴的装束，即将长袍、西服裤、礼帽和皮鞋组合起来穿。这是中西结合比较成功的一种男子服饰式样，不失民族风韵又增添潇洒英俊之气，文雅中显露干练。

2 女子服饰

（1）改良旗袍：受西方服饰的影响，袍身逐渐收窄，增加腰省、胸省，并运用装袖与肩缝等元素，使款式走向完美成熟。其样式的变化主要集中在领、袖及长度等方面。在风格上，它一改以往宽大直筒的形态，变得修身合体，充分展示了中国女性的曲线美。

（2）袄裙（见图 2）：此时的袄裙仍旧是上衣下裳制。长袄长至臀围线以下，高领、窄袖；短袄长至腰围线以下，低领、宽袖，袖长及肘，袖口肥大宽直。领有直襟、大襟和偏在右襟自领而直下的斜襟等。下摆有直角、圆角等。这时袄的裁制比较紧身，通常配穿马面裙等长套裙，并喜做彩绣装饰。

（3）文明新装：这是袄的一种变体形式。在留日学生的影响下，不少年轻妇女穿窄而修长的高领衫袄，衣衫非常朴素，下穿黑色长裙，裙上不施绣纹，簪钗、手镯、耳环、戒指等一概不用，故时称“文明新装”。

当然上述的穿着在城乡之间的差别还是很大的。比如在上海，西式晨礼服、西式茶舞服、西式连衣裙、西式大衣等开始流行，上海女子烫发、穿高跟鞋和时装的时候，北京的女子还在穿紧身旗袍，农村的妇女则还在穿宽衣大绣衫和大脚扣的裤子。

3 服饰品

妇女头饰依旧保留传统样式，曾流行过一段时间的刘海和长辫，剪发也流行过，剪发后一般用绸带

图 2 梳髻，穿大袖和圆下摆短袄、长裙、尖头高跟鞋的女子。其中右边的女子裙子的下摆是锯齿形的。

图 3 蓄燕尾式刘海，戴耳环、两重项链、胸花和多宝串的女子。

图 4 烫发，穿横条纹无袖低开衩旗袍，戴项链、耳环、手镯和手表的时髦女性。旗袍上的横条纹和手上的手表是西式元素的代表。

图5 外面穿大衣，里面穿旗袍，手拿钱夹的女人。

束发（见图3）。就男子而言，早在中华民国始建之初，政府就发出了《剪辫通令》，从城市中的官吏和知识分子开始，剪发逐步被人接受。

在民国建立初期，政府部门就把女子放足禁缠作为一项重要任务来落实。到1937年全面抗战前夕，缠足在以江、浙、沪、粤为主体的沿海地区已经基本禁绝，并向内地扩展。放足以后，女子的鞋袜随之改变，原先的弓鞋被淘汰，代之以西式皮鞋和布鞋，大城市的妇女已经穿上了高跟鞋。

第三节　20世纪30年代末至40年代

一　时代背景

中国在这个时期处于战争时期，虽然经济上遭受打击，社会也动荡不安，但是在一些开放的大城市里，西式服装的引进并没有停止脚步。《良友》《三六九》等刊物辟出时装专刊，通过明星剧照、生活照以及时装画来介绍国内外的流行信息，而时装表演到此时已经是展示服装的重要途径。当时上海的时尚也辐射到东京、中国香港等地。

二　典型服饰

1 男子服饰

这一时期的男子服饰变化已经不大显著，基本沿用前一时期的服装样式。

2 女子服饰

（1）旗袍：旗袍此时已经成为中国妇女通用的标准服，各个阶层的妇女都穿它（见图4）。20世纪40年代的大城市中，旗袍的式样趋向于取消袖子、减短长度、减低领高和省去一些繁琐的装饰，总体上更加轻便、适体；同时借鉴和直接引用了一些西式的装饰和设计手法，如将边衩改为前衩，将单襟改为双襟，并在领、袖、肩等处加以处理，形成了如开衩领、荷叶袖等有新意的变化。

到了20世纪30年代后期，人们引进的西式女子服饰种类相当齐全。这些服装的广泛传播，已经具有一种严格意义上的现代“时装”的意味。

（2）内衣：乳罩代替了肚兜，成为新式的女性内衣。

（3）披风：披风有单有夹，长度一般到膝盖部位，色彩丰富。披风的两襟钉有纽扣或带子，但穿时往往不用，任其敞开。

（4）大衣：此时的大衣多用裘皮或呢料制作，人们在里面还习惯穿一件旗袍（见图5）。

第四节　20 世纪 50 年代

一　时代背景

20 世纪 50 年代以后，全国处于经济发展的起步阶段，人民全力投入社会主义经济建设的潮流中。工人、农民的社会地位得到很大提高，全社会流行朴素美，在穿着上更趋向于实用、结实，逐渐形成了蓝、灰、黑的时代。五六十年代实行计划用布，定量供应，做一件大褂比较费料，所以长袍也逐渐没落，取而代之的是一些方便节省的衣着形式。同时，革命的热情激励中国青年学生穿起了象征革命热情的服装。进驻各个城市的干部都穿灰色的中山服，青年争相效法，随后社会各行各业的人都把长袍、西服改做成中山装或军服。

在 1956 年社会主义改造完成以前，中国社会仍存在各种不同的阶层，人们对服装的要求也因此比较复杂。而中国社会地域发展的不平衡也使不同的服装在中国得以同时发展，西式服装在沿海的一些大城市依旧十分受欢迎。

到了 1956 年 1 月，政府部门在全国范围内展开改进服装的宣传，号召美化人民的穿着。这时许多织布厂加强设计工作，出现了一批新品种、新花色。穿花衣的妇女和儿童逐渐增多，男子服饰也有一定程度的改变，但色彩依然比较单调。

二　典型服饰

1 男子服饰

（1）新款中山装：新中国成立以后，新款中山装成为全国城乡广大人民的日常服装，具体款式为前襟四个口袋、五粒纽扣，袖口各三粒纽扣，立领上装翻领，后背没有横带。中山装在以后发展成我国现代男子服饰中最具代表意义的品种之一，它将中国的传统意识融入其中，并结合了西装的样式，和旗袍一起成为中国现代服装发展的有益借鉴。

（2）衬衫：衬衫主要有两种：一为长袖衬衫，直摆，尖领或方领，克夫袖，以白色为主，也有淡蓝色和灰色；二为短袖衬衫，式样为翻领、翻驳头，胸前两只口袋，门襟四粒纽扣或硬领，不翻驳头，胸前一只口袋，门襟六粒纽扣。

（3）大衣：男子冬装除中式棉袄外，还有棉大衣或呢大衣。款式为翻驳领，贴袋或插袋，明门襟或暗门襟，单排扣或双排扣，装袖。

2 女子服饰

20 世纪 50 年代初期，作为正统服装的代表——旗袍，仍然被城市的一些中老年妇女所穿。到 50 年代后期，随着女性就业队伍的扩大，穿旗袍的人越来越少，到 60 年代的时候几乎销声匿迹。

在新中国成立之初，一字领和八字领的衬衫十分普及，面料为细布或府绸。女子冬装主要是中式棉袄加罩衫。

列宁装是当时党政机关和基层工作人员常穿的服装。其具体形制是大驳领，双排八粒纽扣，斜插袋，束腰带，主要为女子所穿，但在当时是男女通用的服装。

进入 20 世纪 50 年代中期，“春秋衫”被各种年龄层次的妇女喜爱。其形制是翻领，装袖，直襟，四粒纽扣，可开关门襟驳头，一字领或八字领，前身两只大贴袋，外观稳重大方。到以后拉链衫和夹克衫又开始流行。

20 世纪 50 年代末期起，连衣裙逐渐成为我国中青年妇女夏季的日常服装。廓型有束腰型、直身型、旗袍型、马甲型等，袖型有泡泡袖、无袖等，领型有无领（包括圆形、方形、椭圆形、“V”字形、“U”字形）、装领等。面料常用各种印花或素色的丝绸、全棉、棉涤，款式主要有细褶裙、喇叭裙等。

3 服饰品

女子基本不化妆，发型日趋简化，姑娘们爱留辫，上了年纪的妇女一律齐耳短发。男子发型更简单，有梳理整齐的“西装头”和“平头”。

第五节　20 世纪 60 至 70 年代

一　时代背景

进入 20 世纪 60 年代，中国连续三年自然灾害，粮食大减产，棉花也连年歉收，纺织品和针织品产量都比往年下降。这个时候又受计划供应的限制，布票的数量比较少，人们在购买纺织品的时候都要充分考虑、充分利用，在颜色上多选择中性的朴素颜色，以便能够穿上好几年。1966 年，为期十年的“文化法国大革命”开始了，西服和旗袍等服装被称为“四旧”，人民对服装包含的等级标志意义有了歪曲的理解，没有人愿意通过服装来表现个性，这个时期中国人的服装样式达到了高度的一致。

图 6　扎两个小辫，穿军装，戴军帽，佩戴毛泽东像章的红卫兵。

二　典型服饰

当时，穿草绿色军装，戴草绿色军帽，扎宽皮带，佩戴毛泽东像章，手拿红色语录本，背草绿色帆布挎包成为当时最时髦的装束（见图 6）。老三色（蓝、灰、黑）和老三装（中山装、青年装和军便装）又占领了服装阵地。

第六节　20 世纪 70 年代末至 80 年代

一　社会背景

改革开放后，服装发展逐渐走上了健康发展的道路，服装行业进一步繁荣，人们的思想观念也更加开放。当时国家领导人多次发表讲话，提倡美化人民的服装穿着。共产党领导人带头穿新式双排扣西装，在国内外引起了轰动，从而掀起了一股“西服热”。思想解放的年轻人率先穿起新款式的服装，人们的服装观念十分活跃，追求新异、时髦的心理不断增强，服装的流行周期大大缩短。

二　典型服饰

1 男子服饰

西装再次流行，并且普及到了中国农村。便装有夹克、猎装、风衣、编织的棒针衫和运动装等，不仅款式多样，而且也使用了驼色、酱红色、湖蓝色、米色等传统的女子服饰用色。冬装有了皮夹克、羽绒服、运动型棉夹克等。下装经历了由喇叭裤到牛仔裤的演变过程，而后就是一种中档和裤脚口的尺寸相一致的直筒裤。自 20 世纪 80 年代中期起，锥形裤和西裤开始流行。

2 女子服饰

从20世纪70年代后期起，设计师充分运用裁片分割的手法来设计服装，使服装的造型结构更加合理。当时的主要服装式样有：春秋装、衬衫、西服套装、羽绒服、各式大衣、皮夹克、皮风衣、喇叭裤、健美裤、牛仔服等。

（1）春秋装：春秋装中翻领，翻驳头，门襟钉三粒纽扣，两只有袋盖的暗袋的款式，是女青年和中年妇女都较喜欢的。

（2）女衬衫：20 世纪 70 年代后期女式衬衫有两种时髦款式。一是仿效男子衬衫的长尖型硬领，另一种是在衬衫的领边和襟上都镶较宽的荷叶边。进入 20 世纪 80 年代后，女式衬衫的变化更多更快，主要有夹克式、西装式、镶拼式等。有的外形蓬松，背缝有裥；有的造型显瘦，腰部束细。领有翻折领、松紧领、无领等，款式各异。

（3）西服套装：西服套装的基本款式是翻驳领，两粒纽扣，两只有袋盖的暗袋，其主要是被城市中的一些妇女所穿。

（4）羽绒服：其以涂层尼龙布为面料，内部填充羽绒或羽毛。

（5）健美裤：其为一种黑色弹力针织踏脚裤，之后材料、颜色、放松度也有变化。

3 服饰品

20 世纪 70 年代后期，高跟鞋回归了，此时的鞋跟有高跟、半高跟、坡跟等，颜色有白色、红色、米色、绿色等。同时西方的运动鞋也被引入中国，因为起初只有“NIKE”一个品牌，因而运动鞋也被称为“耐克鞋”。手套、围巾、帽子、提包等附属物的使用也不仅考虑实用性，而且要通过其造型和色彩的变化来取得整体的审美效果。夏季开始流行用遮阳镜。

改革开放以后又可以烫发和化妆了，起初大家以烫成大波浪为时髦，而后就有了和国际时尚接轨的各种发式。

第七节　20 世纪 90 年代

一　社会背景

与以前各个时期相比，20 世纪 90 年代的中国服装是与国际通行服装最为相似的。在北京、上海等大都市中，时髦女子的着装与国际时尚完全同步。

二　典型服饰

1 男子服饰

男子服饰的品种和 20 世纪七八十年代大体相同，但款式上有了明显变化。西装的驳头明显提升，因而很盛行三粒和四粒纽扣的西装，裁剪上也更加合体自然。

20 世纪 80 年代末和 90 年代初的宽大的奔裤、太子裤基本销声匿迹，取而代之的是直筒形和喇叭形的裤子。此外，还有一种在裤腿部位安排了不少口袋并有两条装饰线的尺寸宽大的板裤。这个时代的男子服饰讲究休闲，有各种非正式的便装，比如各种绞花棒针编织衫、牛仔、卡其夹克、连帽运动夹克、棉麻织物制作的西装领或方领的直腰身外套等。

2 女子服饰

当时比较典型的服装有：短小上装、吊带背心、吊带长裙、喇叭裤、超短裙等。

（1）职业套装：与 20 世纪 80 年代的挺括外观不同，套装恢复了纤长的主体轮廓，不用垫肩，讲究柔软裁剪，合体，带有温和的女性特征。

（2）短小上装：它通常用有弹性的针织物制成，紧体，胸、腰处的凹凸曲线十分明显。款式多样，长袖、短袖、烟囱领和鸡心领等都有，衣长很短，有的短至露出小腹而成为“露脐装”。

（3）喇叭裤：这个时候的喇叭裤裤口要比 20 世纪 80 年代小些，但臀部收拢不是很紧，整体造型

图 7　穿两件套、“A”字形超短裙和宽头系带高跟靴的女子

图 8　留长碎发，戴墨镜，穿短小上衣、牛仔裤和厚底宽头鞋的女子。

更流畅。材料上主要是水洗牛仔布、各种新型化纤材料、弹力材料等。后来出现的技术使其外观肌理更加丰富。

（4）超短裙：20 世纪 80 年代流行的是上宽下窄的“一步裙”，20 世纪 90 年代是上窄下宽的“A 字形裙”（见图 7）。

3　服饰品

女鞋盛行厚底宽头的样式（见图 8），到了 20 世纪末的夏季流行不穿丝袜，在脚指甲上涂指甲油时髦了起来，美甲逐渐成为一种时尚。

烫发先流行青春型的直发，后来是染色的前卫型碎发。

思考题

1. 中国近代的服饰和西式服装联系逐渐紧密，你能举一些具有代表性的服装款式吗?
2. 人们的服装需求总是和一定的时代背景相关，人们也总会选择自己认为美丽的衣服来穿着，你能解释在抗日战争的时候，爱国青年“不爱红妆爱武装”的现象吗?
3. 看看现在你身上的服装，你是否能在历史中找到与它们相似的影子?

中国历代服饰关键词

先秦时期

深衣　一种上衣与下裳连在一起的长衣服。其中的曲裾深衣，还有“续衽钩边”的特点。“衽”就是衣襟。“续衽”就是将衣襟接长。“钩边”就是形容衣襟的样式。它改变了过去服装多在下摆开衩的裁制方法，将左边衣襟的前后片缝合，并将后片衣襟加长，加长后的衣襟形成三角，穿时绕至背后，再用腰带系扎。

袍　上衣和下裳连成一体的长衣服，但有夹层，夹层里装有御寒的棉絮。

襦　袍式之短者，即比袍短一些的棉衣。如果是质料很粗陋的襦衣，则被称为“褐”。

秦汉时期

冕服　以玄衣纁裳组成，中单素纱，红罗襞积，革带佩玉，大带素表朱里，两边围绿，上朱锦，下绿锦，大绶有黄、白、赤、玄、缥、绿六彩，小绶有白、玄、绿三色，三玉环，黑组绶，白玉双玉佩，佩剑，朱袜，赤九、赤舄，组成一套完整的服饰。

禅衣　仕宦平日燕居之服，“禅”为上下连属，样式与袍略同，但无衬里，可理解为穿在袍服里面或夏日居家时穿的衬衣，也可以解释为罩在外面的单衣。

裤　为袍服之内下身所服。其早期无裆，类似今日套裤；后来发展为有裆之裤，称“裈”。

魏晋南北朝时期

裤褶　原是北方游牧民族的传统服装，其基本款式为上身穿齐膝大袖衣，下身穿肥管裤。它常用较厚的毛布来制作。

裲裆　原也是北方少数民族的服装，起初是由山军戎服中的裲裆甲演变而来。这种衣服不用衣袖，只有两片衣襟，其一当胸，其一当背，后来称为“背心”或“坎肩”。

半袖衫　一种短袖式的衣衫。

隋唐五代时期

缺胯袍　直裾，左右开衩式的长袍，它可以和幞头、革带、长靿靴配套。

襕衫 较长的衫，在其下加一横襕做装饰，类似于“襕袍”， 多为士人所穿。

半臂 又称“半袖”，是从短襦中蜕变而来的，合领、对襟、无袖或短袖，衣长至膝或及腰，胸前结带，穿在袍衫之外，为春、秋季所服。造型特点是衣袖的长短和宽窄处理上的审美变化。

披帛 又称“画帛”，通常以轻薄的纱罗制成，上有花纹。长度一般为两米以上，用时将它披搭在肩上，并盘绕于两臂之间。

胡服 原是北方民族的装束，便于骑马作战，也为生活中的常服。唐代所谓的胡服，包括西域地区的少数民族服饰以及印度、波斯等外国的服饰。其制为：翻领，对襟，窄袖，衣长及膝，腰间系革带。

宋代时期

衫 没有袖头的上衣，有两种：衬在里面穿着的短小的衫，以及穿在外面的宽而长的衫。

直裰 背部中缝线直通到底的无襕长衣，为宋代文人、居士、僧寺行者所穿。

鹤氅 古时候用鹤羽捻线织成的面料，制成的衣身宽大曳地的衣着，一般披于身外，为宋代文人、诗客、隐士所穿。

背子、半臂 均为隋唐时期流传下来的短袖式罩衣。宋代背子变成了长袖、腋下开胯的长衣服。腋下开胯，即衣服前后襟不缝合，而在腋下和背后缀有带子的样式。

旋袄与貉袖 旋袄与貉袖实为同一个款式的服装，长不过膝，两袖仅到肘部，用厚帛制作，有夹里或用棉，以紫色或黑色做缘饰。

元代时期

辫线袄子 男子平时燕居喜着的圆领窄袖袍，宽大下摆，腰部缝以辫线或钉成排纽扣，制成宽围腰，下摆折成密裥，俗称 “腰线袄子”等。

质孙服 一种上衣连下裳，衣式较紧且下裳部分较短，并在腰间加襞积，肩背间贯以大珠的衣服。其最大的特色就是冠帽、衣、靴采用同一色。

姑姑冠 一般用铁丝、桦木条或柳枝编成框架，在框架以外裱以红和青色的皮、纸、绒、绢等物，再饰以金箔珠花，冠顶还插有若干细枝条、翠花、绒球、彩帛、珠串及翎枝等。

纳石失 元称金锦为“纳石失”，意为“波斯金锦”，多是将金箔贴于纸上，再切缕成细条用于织锦。

明代时期

补子 明代为区分官员等级在袍服的前胸和后背所缀的一方形有明显符号意义的绣片。文官为禽纹，武官为兽纹。

比甲 通常采用直领对襟，样式类似后来的马甲，但比马甲长，下摆过膝，所用衣料以彩锦为多，有时还纳以棉絮，多用于乍暖还寒之季。

乌纱帽 一种用乌纱制作的官帽，前低后高，两旁各有一翅，通体皆圆，帽内用网巾束发。

头箍 式样、用料不尽相同，冬季用毡、绒等，制成中间窄两头宽的形状，外表覆以绸缎加彩绣，两端用扣，用时围绕额上，扣在后面。因有御寒的作用，又被称为“暖额”。

凤冠 一种用金属丝网为胎，上缀点翠凤凰并挂有珠宝流苏的礼冠。

霞帔 一种帔子，其形像两条彩练绕过头颈，披挂于胸前，下坠一颗金玉坠子。

清代时期

大拉翅 “大拉翅”是一形似扇面的硬壳，高约一尺余，里面用铁丝按照头围大小做一个圆箍和骨架，再用布袼褙做胎。外边包上青缎和青绒布，做成一个固定的纯装饰性大两把头，需用时，戴在头上，不用时，摘下搁置在一边。

旗鞋 满族女人所穿的木制平底鞋和高底平头鞋。

朝珠 挂在颈项间的垂珠，随官品而用，质料各不相同，共 108 颗圆珠。

长袍 清代旗人女性所穿的袍服，采用直线裁剪，衣身宽大。

近现代时期

中山装 这是在学生装的基础上发展起来的款式。其后背做缝，下端开衩，后背腰节处装有横带，前身做四个明袋，其中下面两只大袋为琴式袋，各袋都有褶裥和袋盖，门襟钉七粒纽扣，袖口钉两至三颗纽扣。以后的款式略有改动。

文明新装 民国初期，受日本女装的影响，年轻女性上穿窄而修长的高领衫袄，下穿黑色长裙，因其不施绣纹、朴素淡雅而被称为“文明新装”。

列宁装 党政机关和基层工作人员日常所穿的服装。其具体形制是大驳领，双排八粒纽扣，斜插袋，束腰带，主要为女子所穿，但在当时是男女通用的服装。

健美裤 一种黑色弹力针织踏脚裤，为风靡一时的女性时髦穿着。

喇叭裤 裤腿部分上小下大、裤管像喇叭的裤子，为广大年轻人所喜爱。

感谢

要感谢的人很多，因为我越来越觉得一个人是干不成什么事情的，无论小事、大事。感谢主编、策划给我机会，才有这本书的出版；感谢出版编辑们的协作配合；感谢每位撰稿人的辛苦努力；感谢所有让我能够静下心来做点事情的人，当然也包括最亲密的家人。

刘瑜　于东华大学

2006 年 12 月 30 日

参考文献

1. Fashion:A History From The 18th To The 20th Century, Kyoto Custume Institute, Cologne：Taschen GmbH, 2002

2. A History Of Costume In The West, Fancois Boucher , London：Thames & Hudson Ltd., 1987

3.《西洋服装史》，李当岐，高等教育出版社，2005

4.《外国服装艺术史》，张乃仁、杨蔼琪，人民美术出版社，1992

5.《中国服装史》，华梅，天津人民美术出版社， 1989

6.《中国古代服饰研究》，沈从文，商务印书馆香港分馆，1981

7.《中国古代服饰史》，周锡保，中国戏剧出版社，2002

8.《中国历代服饰》，上海戏剧学校中国服装史研究组，学林出版社，1984

9.《中国历代妇女妆饰》，周讯、高春明，学林出版社，1988

10.《中国服饰这棵树》，包铭新，上海书店出版社，2001

11.《西方服饰这棵树》，包铭新，上海书店出版社，2001

12.《西洋服饰史教程》，孙世圃，中国纺织出版社，2000

13.《中国服饰史》，黄能馥、陈娟娟，上海人民出版社，2004

14.《中西服装史》，叶立诚，中国纺织出版社，2002

图书在版编目（CIP）数据

中西服装艺术史 / 刘瑜著. -- 上海 : 上海人民美术出版社, 2022.3

ISBN 978-7-5586-2274-8

Ⅰ. ①中… Ⅱ. ①刘… Ⅲ. ①服装－历史－研究－世界 Ⅳ. ①TS941.74

中国版本图书馆CIP数据核字(2022)第018088号

中西服装艺术史

作　　者：刘　瑜

责任编辑：孙　青　张乃雍

排版制作：朱庆荧

技术编辑：陈思聪

出版发行：上海人民美術出版社

地　　址：上海市闵行区号景路159弄A座7F

邮　　编：201101

网　　址：www.shrmbooks.com

印　　刷：上海印刷（集团）有限公司

开　　本：787×1092　1/16　12.5印张

版　　次：2022年4月第1版

印　　次：2022年4月第1次

书　　号：ISBN 978-7-5586-2274-8

定　　价：78.00元